맛있는 요리를 만드는 레시피가 있는 것처럼 웃음, 힐링, 성장을 만드는 레시피도 있을까요?
레시피팩토리는 모호함으로 가득한 이 세상에서 당신의 작은 행복을 위한 간결한 레시피가 되겠습니다.

진짜 제대로
배우고 싶은
요즘 인기 있는
베이킹 레시피 64개

친짜 기본 베이킹책 2탄

쉽고, 맛있고, 자세한
<진짜 기본 베이킹책>의 원칙대로
누구나 즐겁게 따라 할 수 있는
요즘 인기 레시피를 담았어요!

1탄으로 베이킹의 기본기를 다졌다면
2탄을 통해 베이킹에 한 걸음 더 가까워지세요

2014년 3월에 출간한 <진짜 기본 베이킹책>은 쉽고
자세한 베이킹 입문서로 평가받으며 지금까지 꾸준한
사랑을 받고 있어요. 누구나 좋아하는 기본 레시피를
구하기 쉬운 재료, 그대로 따라 하면 성공할 수 있는
자세한 설명으로 풀어주어 '홈베이킹의 정석'이라는
별칭까지 얻었지요. 이 책을 통해 나도 할 수 있다는
자신감과 베이킹의 재미를 느꼈다는 독자도 많이
만났답니다. 하지만 유행을 타지 않는 기본 메뉴 위주로
소개해선지, 요즘 카페나 베이커리에서 눈에 띄는
트렌디한 디저트가 추가되면 좋겠다는 의견과 함께
2탄을 기다린다는 목소리도 점점 늘어나기 시작했어요.
그래서 '레시피팩토리'와 <진짜 기본 베이킹책> 1탄을
함께 만든 저희 '베이킹팀 굽ㄷa'는 논의 끝에
독자들의 바람에 응답하기로 했어요. 진짜 쉽고, 맛있고,
자세한 이 책만의 장점은 그대로 가져가면서 요즘
인기 있는 메뉴를 담은 2탄을 만들기로 결정했답니다.
<진짜 기본 베이킹책> 1탄이 베이킹의 재미와 기본기를
알려주는 입문서라면 2탄은 베이킹의 진정한 매력을
깨닫고 한 걸음 더 가까워질 수 있도록 돕는 활용서가
될 거예요.

<진짜 기본 베이킹책> 2탄은 이렇게 만들었어요

독자들의 제안으로 시작된 책인 만큼 독자기획단의
목소리에 귀 기울여 요즘 사랑받는 레시피를
신중히 선별했어요. 누구나 즐겁게 따라 할 수 있도록
수없이 테스트해 레시피를 개발하고 만듦새에도
정성을 쏟았지요. 모두에게 유용한 책이 되도록
기본부터 응용까지 다채롭게 한 권에 담았답니다.
우리는 처음 쿠키를 만드는 초보 홈베이커부터
자신만의 레시피를 만들고 싶은 전문 베이커의 마음을
누구보다 잘 알고 있어요. 우리도 열정만 가득했던 서툰
초보 시절을 거쳐 한 걸음 한 걸음 성장해 왔으니까요.
그래서 사소하지만 중요한 팁부터 알아두면 쓸모 있는
베이킹 이론까지 빈틈없이 채우려 노력했습니다.

'굽ㄷa' 우리말로 '굽다'를 뜻해요

레시피 개발을 위해 매일같이 굽고 또 구웠으니 이보다
더 잘 어울리는 팀명은 없겠다고 생각했어요. 온종일
돌아가는 오븐의 열기로 뜨거워진 작업실에서 밀가루를
뽀얗게 뒤집어쓰고 달콤한 것을 끊임없이 만들다 보면
머리부터 발끝까지 단내가 진동해요. 코끝을 찌르는
단내에서 벗어나고자 급하게 새빨간 음식을 수혈하고

왔으면서 그래도 후식은 먹어야지 하고 달달한 것을 찾아
작업실 이곳저곳을 뒤적이다가 깨달았어요. 디저트만큼
우리를 행복하게 하는 것은 없으며, 이 달콤한 굴레에서
영원히 벗어나고 싶지 않다는 사실을요. 그래서 굽ㄷa의
오븐은 오늘도 내일도 쉬지 않고 돌아갈 예정이랍니다.

베이킹은 하면 할수록 행복해져요

어떤 디저트가 만들어질까 상상하며 바지런히 손을
움직이는 시간의 설렘. 평소에 좋아하던 디저트를
내 손으로 만들었을 때의 성취감. 내가 만든 케이크를
먹고 환하게 미소 짓는 이를 보는 기쁨. 지치고 힘든 순간
달콤한 디저트가 주는 위로와 에너지까지. 이 책을 읽는
독자들이 베이킹을 통해 이렇게 다양한 행복을 만끽할 수
있다면 좋겠어요. 가끔은 실패하고 힘들기도 하겠지만
포기하지 말고 쉬운 것부터 다시 차근차근 만들어보세요.
달콤한 디저트를 한 입 베어 무는 순간 그동안의 노고가
눈 녹듯이 사라질 테니까요.

마지막으로 이 책이 나오기까지 함께해 준 모든 분과
메뉴 선정에 도움을 준 레시피팩토리 독자기획단에게
감사드립니다. 또한 책 작업으로 바쁜 엄마의 빈자리를
묵묵히 채워준 가족들과 투정 없이 기다려준 아이들,
굽ㄷa의 막내 소아 씨에게도 고맙다는 인사를 전하고
싶습니다.

Contents

Chapter 01
작은 과자

Basic Guide

—

이 책을 따라 하는 데 필요한 재료와 도구, 오븐에 관해 알려드려요.
알아두면 유용한 기본 테크닉과 용어 설명도 꼼꼼히 담았어요.
만들다 생기는 다양한 궁금증은 Q&A 페이지를 통해 풀어드릴게요.
베이직 가이드를 통해 실패하지 않는 베이킹 노하우를 배워보세요.

이 책의 레시피 구성

모든 레시피는 아래와 같이 구성되어 있어요. 각 요소들이 어떤 역할을 하는지 알아두면
책을 100% 활용하는데 도움이 될 거예요.

1 메뉴 소개
미리 읽어두면 유용한 기본 정보와 유래,
식감과 맛에 관한 내용이 담겨있어요.
메뉴를 고를 때 참고하면 도움이 된답니다.

2 꼭 필요한 정보를 알차게
만들었을 때 나오는 분량(개수), 조리 시간,
보관 기간, 보관법을 알려드립니다.
조리 시간은 계량 후 만들기부터 완성까지의
시간입니다. 휴지, 절이기, 굳히기, 발효 등의
과정도 표시해 두었으니 참고하세요.

3 도구 준비하기
레시피를 만들 때 필요한 도구를 한눈에
확인할 수 있도록 일러스트로 표시했습니다.

4 미리 준비하기
재료 밑 손질, 유산지 깔기, 짤주머니 만들기 등
실패 없이 만들기 위해 꼭 필요한 준비 과정을
미리 준비하기에서 알려드립니다.

5 오븐 예열 표시 오븐 예열
레시피를 따라 하다 오븐 예열을 시작해야
하는 시점에 오븐 예열 아이콘을 넣었습니다.
단, 오븐에 따라 예열 시간이 조금씩 차이날 수
있으니 주의하세요.

6 상세한 과정 사진
베이킹 초보도 그대로 따라 할 수
있도록 매 과정마다 사진과 자세한
설명을 깨알같이 담았습니다.
변형이 필요한 응용 레시피의 과정
사진도 빠짐없이 실었으니 사진과
비교해가며 차근차근 만들어보세요.

7 돋보기 사진으로 더 자세히
반죽의 섞임 정도, 크림의 휘핑
상태 등 정확하게 확인해야 하는
과정은 돋보기 사진으로 자세히
보여드립니다.

8 유용한 팁과 추천 도구
레시피의 활용도를 높이기 위한 재료 대체 방법,
더 맛있게 먹는법, 추천 도구까지 꼼꼼히 알려드립니다.

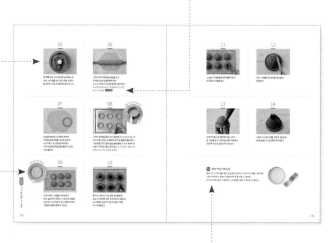

실패를 줄이는 다섯 가지 원칙

경험보다 좋은 스승은 없는 법. 손에 익을 때까지 반복해 만들어보는 것이 실패를 줄이는
가장 좋은 방법이에요. 또한 아래 다섯 가지 원칙만 잘 지켜도 실패를 반 이상 줄일 수 있답니다.

01 레시피와 만드는 법을 충분히 읽고 숙지하세요

베이킹을 시작하기 전에 과정을 읽어보면서 만드는 법을 눈으로 익히세요.
여러 단계를 거쳐 완성하는 제품은 머릿속으로 순서를 정리해보는 것이 좋아요. 휴지나 발효 등이
필요한 경우 그 사이에 다음 단계를 준비해두면 효율적으로 시간을 운용할 수 있어요.

02 제시한 분량만큼 정확히 계량하세요

베이킹에서 가장 중요한 것은 정확한 계량이에요. 각각의 재료들이 서로 상호 보완 작용을
하기 때문에 레시피 분량만큼 정확히 들어가야 실패 없이 맛있는 과자, 케이크, 빵을 만들 수 있답니다.
버터, 설탕, 달걀, 밀가루 같은 주재료나 팽창제, 응고제 같은 역할이 확실한 재료의 양을
마음대로 바꾸거나 대체하면 실패할 가능성이 높아요. 베이킹에 능숙해지기 전까지는
레시피에서 제시한 양을 계량도구로 정확히 계량하세요.

03 필요한 도구를 미리 준비하세요

베이킹은 온도나 시간에 큰 영향을 받아요. 필요한 도구를 찾느라 잠시만 반죽을 방치해도
금방 물러지거나 거품이 삭아버리곤 한답니다. 끊김 없이 바로 다음 과정을 진행할 수 있도록
빠짐없이 도구를 준비하고 밑 준비를 해두는 것이 좋아요.

04 오븐은 미리 예열하세요

오븐의 온도를 맞추고 작동시키면 내부 온도가 설정 온도까지 올라가는데 약 10~20분 정도의
예열 시간이 필요해요. 예열이 덜 된 오븐에 반죽을 넣으면 퍼지거나 주저앉을 수 있으니
굽기 전에 꼭 오븐을 예열해야 해요. 또한 오븐마다 온도 차이가 있고 계속 오븐을 작동시키면
내부 온도가 너무 많이 올라갈 수 있어요. 중간중간 상태를 살피면서 굽는 시간을 조절하세요.

05 제대로 보관하고 가능한 빨리 드세요

케이크나 타르트같이 크림이 들어간 디저트는 완성 후 바로 냉장 보관하고 당일 먹는 것이
가장 맛있어요. 빵은 냉장 보관하면 식감이 딱딱해지니 실온 보관하고 2~3일 이내, 또는 냉동 보관을
추천해요. 작은 과자와 파운드케이크는 바로 먹을 수 없다면 공기가 통하지 않도록 밀폐용기에 넣거나
위생팩, 랩으로 감싸 보관법을 참고해 보관하세요.

기본 재료 알아보기

베이킹에 적합한 재료를 사용해야 맛있고 완성도 높은 디저트를 만들 수 있어요.
각 재료의 특징과 역할, 보관법을 꼼꼼히 짚어드립니다.

필수 재료 4가지

	특징·역할	보관법
밀가루	제품의 식감과 형태를 형성하는 재료로 단백질 함유량에 따라 박력분, 중력분, 강력분으로 나뉜다. 밀가루 속 단백질에 수분 재료를 섞어 반죽하면 쫄깃한 식감을 내는 글루텐이 만들어지는데, 단백질 함유량이 높은 밀가루 반죽을 여러 번 치댈수록 글루텐이 많이 형성된다. ≫ 이 책에서는 제과에는 박력분, 제빵에는 강력분을 주로 사용했으며 제품의 식감에 따라 2종류의 밀가루를 섞어 만들기도 했다.	냄새를 흡수하는 성질이 있으니 단단히 밀봉하여 건조하고 서늘한 곳에 보관한다. 오랜 기간 사용하지 않을 경우 밀봉하여 냉동 보관한다.
버터	우유에 포함된 유지방을 응축하여 굳힌 것으로 풍미와 식감을 결정하는 역할을 한다. 추구하는 식감에 따라 부드러운 실온 버터, 단단한 차가운 버터, 액체인 녹인 버터로 상태를 달리해 사용한다. ≫ 이 책에서는 유지방분 98% 이상의 동물성 무염버터를 사용했다.	랩으로 감싸 밀봉한 후 냉장 2개월, 냉동 6개월간 보관이 가능하다.
달걀	반죽에 수분을 공급하고 맛을 내며, 구웠을 때 단백질이 굳어 형태를 유지시키는 역할을 한다. 달걀노른자의 레시틴 성분은 수분과 지방을 유화시켜 잘 섞이게 도와준다. 달걀흰자는 끈기가 있어 설탕을 넣고 휘핑하면 공기를 가득 포집해 폭신폭신한 반죽을 만들 수 있다. ≫ 이 책에서는 중간 크기(개당 약 60g)의 달걀을 사용했으며 이때, 달걀흰자의 양은 약 35g, 달걀노른자는 18~20g 정도이다.	구입 후 바로 냉장 보관한다. 달걀 전용 용기에 뾰족한 부분이 아래로 가도록 담으면 좀 더 신선하게 보관할 수 있다.
설탕 & 슈가파우더	단맛을 더하고 열을 가하면 캐러멜화되면서 구움색을 내는 역할을 한다. 또한 전분의 노화를 방지해 보존성을 높이고, 거품을 단단하고 안정성 있게 만들어준다. 슈가파우더는 설탕을 곱게 갈아 파우더 형태로 만든 것이다. 입자가 작아 수분이 적은 반죽에도 잘 녹고 잘 섞인다. ≫ 이 책에서는 녹기 쉽고 다른 재료와 잘 섞이도록 입자가 고운 흰설탕과 전분을 넣지 않고 설탕 100%로 만든 슈가파우더를 사용했다.	냄새와 수분을 흡수하는 성질이 있으니 밀폐용기에 담아 직사광선이 닿지 않는 건조한 곳에 보관한다.

베이직 가이드

추가 재료 10가지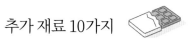

	특징·역할	보관법
우유 & 생크림	반죽의 되직한 정도를 조절할 때 사용하며 보습감을 더해 식감을 촉촉하게 만든다. ≫ 이 책에서는 신선한 우유와 유크림 98% 이상의 동물성 생크림을 사용했다.	개봉 후 용기 윗부분을 집게 등으로 고정하여 냉장 보관하고 가능한 빨리 사용한다.
베이킹파우더 & 베이킹소다	베이킹파우더는 수분과 열에, 베이킹소다는 수분과 산에 반응하는 화학적 팽창제로 반죽을 부풀게 해 식감을 가볍고 부드럽게 만든다. 정확히 계량하고 골고루 분포되도록 다른 가루 재료와 함께 체 쳐 넣는 것이 좋다. ≫ 이 책에서는 베이킹파우더를 주로 사용하고 산성식품인 초콜릿이 많이 들어가는 레시피에는 베이킹소다를 썼다.	단단히 밀봉해 직사광선이 닿지 않는 건조하고 서늘한 곳에 보관한다.
이스트	이스트는 가공 방법에 따라 생이스트, 드라이이스트, 인스턴트 드라이이스트로 나뉘며 빵을 발효시킬 때 사용한다. ≫ 이 책에서는 팽창력이 좋고 보관 및 사용이 편리한 분말 형태의 인스턴트 드라이이스트를 사용했다.	개봉 전에는 실온, 개봉 후에는 단단히 밀봉하여 냉동 보관한다.
옥수수전분 & 아몬드가루	옥수수전분은 바삭하게 부서지는 가벼운 식감을 내고 싶을 때, 크림이나 필링 등을 걸쭉하게 만들 때 사용한다. 아몬드가루는 아몬드 껍질을 벗겨 곱게 간 것으로 아몬드의 유지방이 식감을 촉촉하게 만들고 고소한 맛을 낸다. ≫ 이 책에서는 제과용 옥수수전분과 아몬드가루를 사용했다.	단단히 밀봉해 옥수수전분은 건조하고 서늘한 곳에, 산화되기 쉬운 아몬드가루는 냉장 또는 냉동 보관한다.
젤라틴	돼지 껍질이나 소뼈 등에서 채취한 콜라겐을 주원료로 만든 응고제이다. 젤리나 무스, 크림, 글레이즈 등을 굳히는 역할을 한다. ≫ 이 책에서는 판 젤라틴을 사용했다.	습기가 차지 않도록 랩으로 단단히 감싸 건조하고 서늘한 곳에 보관한다.
견과류 & 건과일	견과류는 고소한 맛과 재미있는 식감, 건과일은 새콤달콤한 맛과 쫀득한 식감을 더한다. 반죽에 잘 섞이도록 작게 썰고 다른 재료의 혼합에 방해가 될 수 있으니 마무리 단계에 섞는다. ≫ 이 책에서는 구운 견과류와 반건조 건과일을 사용했다.	공기와 접촉하면 산화될 수 있으니 개봉 후 밀폐용기에 담아 냉장 또는 냉동 보관한다.
바닐라빈 & 바닐라 익스트랙트	바닐라 나무 열매를 껍질째 건조, 발효한 것으로 특유의 달콤한 맛과 향이 있다. 밀가루의 잡내, 달걀 비린내를 줄이고 풍미를 더하는 역할을 한다. 바닐라 익스트랙트는 바닐라빈을 럼이나 보드카처럼 도수가 높은 술에 넣어 숙성시킨 것이다. ≫ 이 책에서는 크림 종류에는 바닐라빈, 그 외 제품에는 바닐라 익스트랙트를 사용했다.	바닐라빈은 마르지 않도록 랩으로 단단히 감싸 냉장 보관하고 오랫동안 사용하지 않을 때는 냉동 보관한다. 바닐라 익스트랙트는 서늘하고 그늘진 곳에 보관한다.
초콜릿	카카오 함량에 따라 다크, 밀크, 화이트로 나뉘며 반죽에 초콜릿 특유의 달콤 쌉싸름한 풍미를 더한다. 중탕으로 녹여 사용하거나 쿠키 등에 작게 썰어 넣는다. ≫ 이 책에서는 제과용 커버추어 초콜릿을 사용했다.	단단히 밀봉해 직사광선이 닿지 않는 건조하고 서늘한 곳에 보관한다.
럼주	사탕수수의 당밀을 발효시켜 만든 증류주로 반죽에 향을 더하거나 풍미를 끌어올리는 데 사용한다. 증류 방법과 숙성기간에 따라 향의 강도와 색이 달라진다. ≫ 이 책에서는 색과 풍미가 진한 다크 럼을 사용했다.	직사광선이 닿지 않는 건조하고 서늘한 곳에 보관한다.
향신 가루 (코코아, 녹차, 황치즈, 쑥, 시나몬, 콩가루, 홍차 등)	반죽에 특유의 맛과 향을 더할 때 사용한다. 기본 반죽에 향신 가루를 더하면 다양한 응용이 가능하다. ≫ 이 책에서는 여러 가지 향신 가루를 사용했으며 취향에 따라 동량의 다른 가루로 대체 가능하다.	공기와 접촉하면 풍미가 사라질 수 있으니 단단히 밀봉해 건조하고 서늘한 곳 또는 냉장 보관한다.

기본 도구 알아보기

적절한 도구를 사용하면 작업 능률이 올라가고 제품의 완성도가 높아져요.
도구 준비하기에 등장하는 기본 도구의 특징과 고르는 법을 세세히 알려드립니다.

전자저울
정확한 계량을 위해 필요한 도구로
1g 단위로 계량이 가능한 전자저울을 추천한다.
숫자 표시가 크고 명확하며
수평이 잘 맞는 제품을 고른다.

볼
스테인리스, 유리, 플라스틱 재질 등이 있다.
완성하는 반죽 양에 맞는 볼 크기를 선택하고
거품을 올리거나 반죽 양이 많을 때는
깊은 볼을 이용하면 좋다. 이 책에서는 주로
플라스틱 소재의 2.3ℓ 볼을 사용했다.

주걱
공기를 포집하지 않고 부드럽게 풀거나 섞을 때,
볼에 붙은 반죽을 모으고 깨끗하게 정리할 때
사용한다. 변형이 적고 위생적인 실리콘 소재를
추천한다.

거품기
달걀이나 생크림을 휘핑하고 다양한 재료를
섞고 합칠 때 사용하는 도구로 거품 날의 간격이
균일하고 촘촘한 것이 좋다. 볼의 지름과 거품기의
전체 길이가 비슷한 것을 고르면 사용이 편리하다.

핸드믹서
버터를 크림화하거나 달걀 거품이나 머랭 등
공기를 포집하는 반죽을 만들 때 편리하다.
낮은 단에서 높은 단까지 속도를 미세하게
조절할 수 있는 제품이 좋다. 손잡이가 편하고
너무 무겁지 않은 제품을 고른다.

밀가루 체
가루 재료를 체 치면 가루 사이에 공기가 들어가
다른 재료와 골고루 잘 섞인다. 불순물을 걸러내고
덩어리진 반죽을 풀어줄 때도 사용한다.
볼에 걸 수 있는 고리가 달린 것이 편리하다.

스크래퍼
탄력 있는 플라스틱 재질의 얇은 판으로 반죽을
균일하게 펴거나 분할할 때, 깨끗하게 긁어모을 때,
버터를 잘게 쪼개며 반죽할 때 사용한다.

스패출러
케이크에 크림을 바르거나 틀에 반죽을
평평하게 펼 때 사용한다. 넓은 면을 빠르게
정리할 수 있는 약 25cm 길이의 일자 스패출러와
장식할 때 편리한 미니 스패출러가 있으면 좋다.

밀대
반죽을 균일하게 밀어 펴는 도구로 양끝에
손잡이가 달린 롤러형 밀대가 사용하기 편하다.
어깨 폭 정도의 길이로 쥐기 편하고
들기 쉬운 것을 고른다.

제과용 붓
틀에 버터를 바르거나 반죽에 시럽 또는
달걀물을 바를 때, 여분의 덧가루나
케이크 부스러기를 털어낼 때 사용한다.
자연 모 붓은 일정하고 부드럽게 발리고,
실리콘 붓은 세척과 관리가 편리하다.

짤주머니 · 깍지

크림이나 반죽을 담아서 틀에 넣거나
모양낼 때 사용하는 도구로 한 번 쓰고 버리는
비닐 타입 짤주머니가 위생적이다.
깍지는 다양한 소재와 모양이 있으며
기본적으로 스테인리스 소재의 원형과
별깍지를 구비하면 좋다.

냄비

커스터드 크림을 만들고 익반죽할 때는
쉽게 타거나 눌어붙지 않는 바닥이 두꺼운 냄비,
시럽을 끓이고 중탕할 때는 열전도율이 높은
스테인리스 소재의 냄비가 좋다.

종이 유산지 · 테프론시트 · 실리콘매트

종이 유산지는 내열성이 강하고 끈적임과 냄새가
없어 오븐팬에 깔거나 포장 등에 활용되며
일회용이라 사용이 편하다. 코팅 유산지인
테프론시트와 실리콘으로 만든 실리콘매트는
표면이 매끄러워 반죽이 깨끗하게 잘 떨어지고
반영구적으로 쓸 수 있다.

각봉

케이크 시트를 균일한 두께로 잘라 나눌 때나
쿠키 반죽을 일정한 두께로 조절할 때
사용하는 2개의 막대 모양 도구로
스테인리스 소재의 묵직한 것이 좋다.

빵 칼

부드러운 케이크, 빵 등을 깨끗하게 자를 때
사용하는 칼이다. 칼날에 톱니 모양 굴곡이 있고
20~30cm 길이, 스테인리스 소재의 얇고
단단한 것을 추천한다.

실리콘 몰드

-60~230℃의 온도에서 사용 가능한 실리콘 틀로
파운드케이크, 구움 과자, 무스까지 굽거나 굳히는
용도로 다양하게 활용할 수 있다. 틀에 버터를 바르지
않아도 반죽이 깨끗하게 떨어진다.

타공 타르트링

바닥이 없는 타르트 링으로 옆면에 작은 구멍이
있다. 열전도율이 높아 균일하고 바삭하게 구워지며
구움색이 고르게 난다. 타공 타르트링은
타공팬 또는 타공매트와 함께 사용해야 바닥이
평평하게 구워진다.

무스틀

밑면이 뚫려있는 틀로 모양, 크기, 높이가 다양하다.
주로 무스 케이크, 캐러멜 등을 만들 때 사용한다.
이 책에서는 낮은 무스틀로 캐러멜, 플로랑탱을
만들었다.

기본틀(원형틀 · 파운드케이크틀 · 머핀틀)

기본 베이킹에 가장 많이 사용하는 틀이다.
열전도율이 높고 코팅력이 우수하며
모양이 고른 것을 고른다. 이 책에서는
지름 15cm(1호) 일체형 높은 원형틀 , 길이 22cm
파운드틀, 지름 5.5cm 머핀틀을 사용했다.

마들렌틀 · 피낭시에틀

조개 모양, 금괴 모양 같은 특유의 모양을 낼 수
있는 틀로 열전도율이 높고 코팅력이 우수한 것을
골라야 색이 고르게 구워지고 반죽이 잘 떨어진다.
마들렌은 홈이 깊고 선명해야 무늬가 예쁘게
나온다.

오븐 알아보기

오븐은 디저트의 식감과 맛, 결과물의 완성도를 좌우하는 중요한 도구예요.
종류, 크기, 브랜드에 따라 구워지는 정도가 다르고 같은 오븐이라도 조금씩 내부 온도가
차이날 수 있어요. 가지고 있는 오븐의 특성을 파악하고 여러 번 만들어보는 것만이
실패를 줄일 수 있는 최선의 방법이에요. 지금부터 내 오븐과 친해지는 연습을 시작하세요.

오븐의 종류와 특성

미니 전기오븐
가정에서 사용하기 편리한 작은 사이즈로 아래위 열선을 가열하여 내부 온도를 높이는 방식이다.
내부의 팬으로 뜨거운 바람을 순환시키는 컨벡션 기능이 포함된 제품도 있다. 크기가 작은 미니 오븐은
내부가 좁아 한 번에 구울 수 있는 양이 한정적이다. 쿠키와 같이 개수가 많은 품목은 2~3번에 나눠
굽는 것이 좋다. 참고로 <**진짜 기본 베이킹책**> 1탄에서는 컨벡션 기능의 43ℓ 미니 전기 오븐을 사용했다.

대용량 전기오븐
열풍을 순환시키는 컨벡션 기능으로 내부 온도를 높이는 방식이다. 카페에서 주로 사용했지만,
홈베이커가 늘어나면서 가정에서 대용량 전기오븐을 사용하는 이들도 늘어나고 있다.
강력한 팬으로 공기와 열을 골고루 분산시켜 많은 양을 고르게 구울 수 있지만 열풍으로 인해
반죽이 쉽게 건조해지기도 한다. 빵을 구울 때 유용한 스팀 기능이 포함된 제품도 있다.
》 이 책에서는 대용량 우녹스 오븐을 사용했다.

광파오븐
열선에서 열과 빛이 발생하며 원적외선으로 내부 온도를 높인다. 베이킹은 물론 요리에도 두루 쓰인다.
대용량부터 전자레인지 기능을 겸비한 미니 오븐까지 크기가 다양하다.
오븐팬을 여러 개 넣을 경우 열이 골고루 전달되지 않을 수 있으니 가운데 칸에 한 판씩 넣으면 좋다.

에어프라이어
본체 내부의 열선, 팬으로 조리하는 컨벡션 오븐과 동일한 원리로 만들어진 소형 가전이다.
열선에서 발생하는 열이 온도를 높이고 열풍으로 수분을 증발시키기 때문에 바삭한 식감을 살리는
작은 과자 종류를 구울 때 적합하다.

내 오븐, 정확한 파악법

먼저 자신이 가지고 있는 오븐의 특성을 살펴본 뒤 실제로 구워보며 어느 곳이 잘 구워지고 덜 구워지는지 파악한다. 오븐에 따라 설정 온도와 내부 온도가 다른 경우가 많고 오차도 심하기 때문에 무조건 레시피대로 굽기보다는 중간중간 제품의 구움색을 확인하며 완성 사진과 비슷한 색이 될 때까지 굽는 것이 좋다. 레시피에 적힌 시간보다 앞뒤로 5분 정도 편차를 두고 덜 굽거나 더 구워가며 시간을 조절한다. 그래도 잘 모르겠다면 별도의 오븐 온도계를 사용해 내부 온도를 체크하는 것을 추천한다.

똑똑한 사용법

예열하기
굽기 전에(미니 오븐 10분, 대용량 오븐 15~20분, 에어프라이어 5분) 먼저 오븐을 켜고 내부 온도가 레시피에 표기된 굽는 온도가 될 때까지 예열한다.
오븐 문을 열 때 온도가 내려갈 수 있으니, 초기 오븐 스프링(반죽이 열에 의해 화학적 반응을 일으키며 급격히 부풀어 오르는 현상)이 중요한 캄파뉴나 바게트 등은 굽는 온도보다 10~20℃ 높게 예열하고 오븐팬을 넣은 후 굽는 온도로 설정을 변경한다.

오븐 문 열고 닫기
오븐 문을 여닫을 때 오븐의 내부 온도가 10~20℃ 정도 내려간다. 오븐팬을 넣고 재빨리 문을 닫고 굽는 동안은 가급적 오븐 문을 열지 않는다. 특히 겨울철에는 실내 온도 또는 오븐의 위치에 따라 오븐의 내부 온도, 문을 여닫을 때 빠져나가는 복사량이 차이 날 수 있으니 예열과 굽는 시간을 각각 10분 이내로 더 늘리면서 조절한다.

오븐팬 넣기
열선 오븐은 열선이 있는 곳과 없는 곳에 따라 구워지는 정도가 다르다.
열선이 위치한 곳이 더 빨리 강하게 구워지니 되도록 오븐팬을 가운데 넣어 아래 또는 윗면이 타는 것을 방지한다.

굽는 중간 오븐팬 돌려주기
많은 양의 반죽을 넣을 때, 오븐팬을 여러 개 넣을 때 전달되는 열의 양이 다르기 때문에 오븐 안쪽과 문 쪽의 굽기 정도가 다를 수 있다. 어느 정도 부풀어 오르고 노릇하게 구움색이 났을 때 재빨리 팬을 꺼내 반대로 돌려 넣으면 골고루 구워진다.

잔열 이용하기
오븐은 끈 뒤에도 오랜 시간 잔열이 남아있다.
이때 세척한 베이킹 틀이나, 실리콘매트, 오븐팬 등을 넣어 말리면 효율적이다.

세척 및 관리

꾸준히 세척, 관리해줘야 오랫동안 고장 없이 사용할 수 있다.
외부에 반죽이 묻었다면 오븐을 완전히 식힌 후 젖은 행주로 닦는다.
내부는 오븐에 열이 미세하게 남아있을 때 부스러기를 털어내고 오븐 전용 클리너 또는 베이킹소다를 묻혀 구석구석 닦은 다음 문을 열어 완전히 건조시킨다.

미리 준비하기

베이킹을 시작하기 전에 미리 갖춰야 할 재료의 밑 손질, 도구 준비에 대해 자세히 소개합니다.

틀 & 밑준비

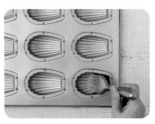

틀에 버터 바르기
틀에 소량의 실온 버터(또는 녹인 버터)를 붓으로 골고루 바른다. 틀 모서리, 홈 사이사이까지 골고루 발라야 구운 후 잘 떨어진다. 코팅력이 약한 틀은 버터를 바르고 밀가루도 체 쳐 뿌려주면 좋다.

체 치기
가루 재료를 계량한다. 섞기 직전에 체를 볼에 걸쳐 올리고 체 안쪽에 가루 재료를 넣은 후 옆면을 손으로 살살 두드려가며 체 친다. 마지막에 덩어리가 큰 입자가 남았다면 손가락으로 살살 문질러가며 체 친다.

분무기로 물 뿌리기
분무기에 물을 담아둔다. 반죽을 틀에 넣기 직전에 시폰 케이크틀 안쪽에 골고루 물을 분사한다.

짤주머니에 깍지 끼우기
깍지가 짤주머니 밖으로 1/3 정도 나오도록 크기에 맞춰 앞부분을 자른 다음 깍지를 넣고 끼운다. 반죽을 넣었을 때 흘러나오지 않도록 사진처럼 짤주머니를 비틀어 깍지 안쪽에 밀어 넣는다.

재료 준비

실온 버터 준비하기
버터를 냉장고에서 꺼낸다.
검지로 살짝 눌렀을 때 손가락이
버터에 들어가 자국이 남을 정도의
상태가 될 때까지 실온에 둔다.

페이스트리용 차가운 버터 준비하기
냉장실에서 꺼낸 차가운 버터를
사방 1cm 크기로 썰고 뭉쳐지지 않도록
트레이에 올려 밀봉한 다음 사용하기
전까지 냉장실에 넣어둔다.

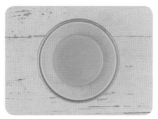

녹인 버터 준비하기
버터를 작은 그릇에 넣고 전자레인지
또는 중탕으로 녹여 50℃ 정도로
준비한다. 사용하기 전에 온도가 너무
차갑거나 뜨겁다면 따뜻한 물 또는
얼음물에 중탕하여 온도를 맞춘다.

달걀물 만들기
달걀을 골고루 저어 멍울을 푼다.
바로 사용하지 않을 때는 랩을 씌워
냉장 보관한다. 달걀물을 바르면 겉껍질이
노릇해지고 윤기가 나며 식감이 바삭해진다.
때에 따라 우유 15g을 섞어 연하게 사용한다.

시럽 만들기
냄비에 물과 설탕을 2:1 비율로 넣고
살짝 끓어오를 때까지 끓인 후 불을 끈다.
완전히 식힌 다음 유리 밀폐용기에 담아
2주간 냉장 보관이 가능하다. 넉넉하게
만들어두고 사용하면 편하다.

바닐라빈 씨 준비하기
바닐라빈 가운데를 세로로 길게 칼끝으로
가르고 안쪽의 씨 부분을 긁어 따로 덜어둔다.
사용하고 남은 바닐라빈 껍질은 바짝 말려
케이크 장식으로 쓰거나 럼주에 담가
바닐라 익스트랙트를 만들 때 활용하면 좋다.

기본 테크닉 익히기

주걱으로 섞기

잡는 법 주걱을 엄지와 검지 사이에 가볍게 쥐듯이 잡는다. 주걱의 날을 이용해 반죽을 섞는다.

자르듯이 섞기 주걱을 세우고 볼의 가운데를 화살표 방향으로 똑바로 가른다. 왼손으로 볼을 조금씩 돌리면서 골고루 섞는다.

뒤집어 섞기 주걱으로 볼 바닥의 반죽을 들어 올린 후 손목을 돌려 화살표 방향으로 반죽을 뒤집는다. 왼손으로 볼을 조금씩 돌리면서 골고루 섞는다.

거품기로 섞기

잡는 법 거품기를 엄지와 검지 사이에 가볍게 쥐듯이 잡는다. 무거운 반죽을 섞을 때는 주먹쥐듯 네 손가락으로 잡고 휘핑하면 편하다.

휘핑하기 손목에 힘을 빼고 거품기를 볼 바닥에 가볍게 붙이며 원을 그리듯 시계 방향으로 돌린다. 왼손으로 볼을 잡아 고정한다. ★10초에 15회 정도의 속도로 돌리세요.

뒤집듯이 섞기 거품기를 가운데에서 왼쪽 끝으로 바닥을 스치며 옮긴 뒤 손목을 돌려 화살표 방향으로 반죽을 뒤집는다. 왼손으로 볼을 잡아 고정한다.

스크래퍼로 반죽하기

잡는 법 스크래퍼를 엄지와 검지 사이에 끼우고 가볍게 쥐듯이 잡는다. 스크래퍼의 날을 이용해 반죽을 모으고 섞는다.

자르듯이 섞기 스크래퍼를 수직으로 세우고 위에서 아래로 누르며 재료를 자르듯이 섞는다. 손목을 조금씩 돌려가며 골고루 반죽한다.

한 덩어리로 만들기 스크래퍼로 아래에서 위로 반죽을 들어 올리며 바깥쪽에서 안쪽으로 골고루 접어 한 덩어리로 만든다.

주걱, 거품기, 스크래퍼, 핸드믹서, 밀대, 틀에 유산지 깔기 등
베이킹에 가장 많이 사용하는 도구의 정확한 사용 방법을 알려드립니다.

밀대 사용하기

반죽 눌러 펴기 밀대를 반죽 가운데
올리고 체중을 가볍게 실어
꾹꾹 누르면서 평평하게 편다.

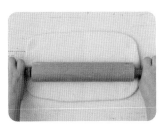

반죽 밀어 펴기 눌러 편 반죽 가운데
밀대를 올리고 앞뒤로 굴리면서
반죽을 늘린다. 90°씩 회전시키면서
원하는 모양으로 밀어 편다.

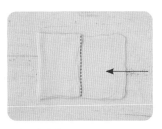

3절 3회 접기 긴 직사각형 모양으로 밀어 편
반죽을 왼쪽에서 1/3, 오른쪽에서 1/3을 접어
3절 접기 한다. 그대로 90° 회전 시켜 다시
길게 밀어 편 후 같은 방법으로 3절 접기 한다.
이 과정을 총 3회 반복한다.

원형틀에 유산지 깔기

그리기 유산지 위에 원형틀을 올린 후
바닥면을 대고 그린다. 그린 선의 약간
안쪽으로 자른다. ★ 분리형 원형틀을
사용할 때는 바닥면을 그린 선보다 2cm
크게 잘라 넣어야 반죽이 새지 않아요.

자르기 원형틀 옆면 높이보다 1cm
높게 유산지를 접은 후 가위로 자른다.
한 장으로 감싸지지 않을 경우 한 번 더
잘라 준비한다.

틀 안에 넣기 유산지를 원형틀 안에
넣는다. 유산지가 안으로 말리면 물 또는
여분의 반죽을 틀에 발라 붙인다.

사각틀(파운드틀·무스틀)에 유산지 깔기

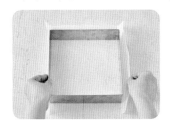

그리기 유산지를 펼치고 그 위에
사각틀을 올린다. 틀에 맞춰 아랫면과
옆면을 접어 모양을 잡는다. 크기에
맞춰 자르고 옆면 접기선을 만든다.

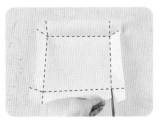

자르기 네 귀퉁이의 각이 될 부분에
가위집을 넣은 다음 접어서
사각형 모양을 만든다.

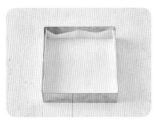

틀 안에 넣기 유산지를 사각틀 안에
넣는다. 유산지가 안으로 말리면 물 또는
여분의 반죽을 틀에 발라 붙인다.

핸드믹서 사용하기

날 끼우는 법 거품기를 핸드믹서의
홈에 넣고 딸칵 소리가 날 때까지
살짝 누르거나 비틀어 고정한다.

휘핑하기 핸드믹서를 수직으로
세운다. 왼손으로 볼을 잡아 고정하고
볼 옆면을 가볍게 스치며 가운데에서
큰 원을 그린다는 느낌으로 회전한다.

적은 양 휘핑하기 볼을 기울여 내용물을
한쪽으로 몰고 가볍게 좌우로 움직이며
휘핑한다. 핸드믹서 날이 볼 옆면과 바닥에
강하게 부딪히거나 긁지 않도록 주의한다.

Baking Note　버터 풀기, 달걀 거품 올리기, 머랭 만들기 등 케이크의 기본 공정에 공통적으로 적용할 수 있는 핸드믹서 사용법을 소개해요.
단, 핸드믹서마다 성능이 조금씩 다를 수 있으니 상태를 살펴 가며 속도와 시간을 조절하세요.

파운드케이크의 버터 풀기(버터 100~130g 기준)

01 볼에 실온 상태의 버터를 넣고 핸드믹서의 중간 단에서
마요네즈처럼 부드러운 상태가 될 때까지 50초~1분간 푼다.
★ 버터는 찬기가 빠지고 손으로 살짝 눌렀을 때
자국이 남을 정도의 상태가 좋아요.

02 설탕을 2~3번 나누어 넣고 핸드믹서의 중간 단에서
살짝 부푼 아이보리색 반죽이 될 때까지 1분 30초~2분간
휘핑한다. ★ 설탕이 60% 이상 녹아 서걱서걱한 느낌이
사라질 때까지 휘핑해요.

03 실온 상태의 달걀을 나누어 넣어가며 핸드믹서의
중간 단에서 볼륨감이 생기고 매끄러운 크림 상태가 될
때까지 1분 30초~2분간 휘핑한다. ★ 버터와 달걀의 온도가
비슷해야 반죽이 분리되지 않아요.

스펀지케이크의 달걀 거품 올리기(달걀 2개 기준)

01 볼에 달걀을 넣고 핸드믹서의 높은 단에서 작고 촘촘한
거품이 생길 때까지 1분간 휘핑한다.
★ 달걀 거품이 체온 정도의 온도가 될 때까지
따뜻한 물에 중탕하여 휘핑하면 좋아요.

02 꿀을 넣고 설탕을 2~3번에 나누어 넣으며 1분 40초 동안
단단하게 휘핑한 다음 낮은 단에서 기포가
일정해지도록 20초간 휘핑한다. ★ 반죽을 들어 올렸을 때
층층이 쌓여 서서히 퍼지는 정도가 적당해요.

03 가루 재료를 체 쳐 넣고 주걱으로 반죽을 아래에서 위로
뒤집듯이 섞는다.

04 녹인 버터에 소량의 반죽을 넣어 섞은 후
다시 나머지 반죽에 넣고 주걱으로 반죽을 아래에서 위로
뒤집듯이 섞는다.

머랭 만들기_스위스 머랭(달걀흰자 60g 기준 / 38쪽 머랭쿠키)

01 볼에 달걀흰자를 넣고 거품기로 멍울을 푼 후 설탕을 넣어 섞는다.

02 뜨거운 물 위에 ①의 볼을 올리고 거품기로 저어가며
60℃ 정도의 온도가 될 때까지 중탕한다.
★ 중탕 온도가 너무 높으면 달걀흰자가 익을 수 있으니 주의해요.

03 뜨거운 물에서 내리고 핸드믹서의 높은 단에서
뾰족한 삼각뿔 모양이 될 때까지 4분간 단단하게 휘핑한다.

응용

스위스 머랭 버터 크림 만들기(버터 300g 기준 / 112쪽 버터 크림 케이크)

01 스위스 머랭 만들기 과정①~③과 동일하다.

02 버터를 5~6번 나누어 넣어가며 핸드믹서의 중간 단에서
볼륨이 생기고 아이보리색의 부드러운 크림 상태가 될 때까지
2분 30초간 휘핑한다.

03 바닐라 익스트랙트를 넣고 가벼운 상태의 매끄러운 크림이 되도록
핸드믹서의 낮은 단에서 1~2분 더 휘핑한다.

머랭 만들기_프렌치 머랭(달걀흰자 70g 기준 / 72쪽 딸기 뚱카롱)

01 볼에 달걀흰자를 넣고 핸드믹서의 낮은 단에서 큰 거품이 사라지고
작은 거품이 생길 때까지 40초간 휘핑한다.

02 설탕을 3번 나누어 넣어가며 중간 단에서 날 자국이 선명하고
윤기가 흐르는 머랭이 될 때까지 3분 30초 정도 휘핑한다.

03 낮은 단에서 30초간 휘핑해 기포를 촘촘하게 정리한다.

생크림 휘핑하기(생크림 100g 기준)

01 볼에 생크림과 설탕을 넣고 핸드믹서의 높은 단에서 40~45초간
뾰족한 삼각뿔 모양이 될 때까지 단단하게 휘핑한다.
★ 생크림 양이 200g일 때에는 50~55초간 휘핑해요.

베이킹 용어 알아두기

레시피에 자주 등장하는 베이킹 용어의 의미를 정리했어요.
기본 용어를 익혀두면 설명을 이해하고 따라 만들기가 더 쉬워집니다.

실온 상태

냉장 보관하던 재료를 밖으로 꺼내 찬기를 제거하고
1시간 이상 그대로 두어 23~25℃ 정도의 온도가 된 것을
실온 상태라 한다. 계절과 장소에 따라 실내 온도가
다를 수 있으니 상황에 맞게 시간을 조절한다.

휘핑

달걀노른자, 달걀흰자, 생크림, 버터 등을 핸드믹서
또는 거품기로 세게 휘저으면서 반죽 속에 공기를
유입시키는 작업을 의미한다.

머랭

달걀흰자에 설탕 또는 설탕 시럽을 넣고 휘핑하여
거품 낸 것을 머랭이라 한다. 만드는 방법에 따라
프렌치 머랭(달걀흰자에 설탕을 섞어 휘핑),
이탈리안 머랭(달걀흰자에 설탕 시럽을 섞어 휘핑),
스위스 머랭(달걀흰자에 설탕을 섞고 중탕하며 휘핑)으로 나뉜다.

중탕

아래쪽에 뜨거운 물이 담긴 볼이나 냄비를 놓고
그 위에 재료가 담긴 볼을 올려 간접적으로 재료의 온도를
높이는 작업이다. 주로 초콜릿, 버터 등을 녹일 때 사용한다.

필링

필링은 우리말의 '소'로 쿠키, 타르트, 파운드케이크 등을 만들 때
맛을 내기 위해 속에 채워 넣는 여러 가지 재료, 크림을 뜻한다.

토핑

쿠키, 케이크, 빵 등에 올려 맛과 식감에 변화를 주고
장식적인 요소를 더하는 재료이다. 주로 견과류, 건과일,
초콜릿, 크럼블, 시판 과자 등이 사용된다.

휴지

완성된 반죽을 냉장실 또는 실온에 잠시 두는 것을 의미한다.
휴지시키면 각 재료의 성분과 향이 잘 어우러지고 안정화되며,
글루텐 조직이 느슨해져 밀어 펴거나 성형하는 작업이 쉬워진다.

치대다

손으로 반죽 속 재료를 혼합하며 글루텐 조직을 만드는 작업이다.
반죽을 치대면 글루텐 단백질이 서로 연결되어
그물망 같은 조직이 형성되고 반죽에 힘과 탄력이 생긴다.

발효

이스트에 포함된 효소의 작용으로 밀가루 내 당분이
이산화탄소와 알코올로 변하면서 가스를 만들어내는 것을
발효라 한다. 발효되면서 발생한 가스로 반죽이 부풀고
숙성되어 특유의 식감과 풍미가 만들어진다.
반죽 내부 온도가 23~24℃일 때 가장 발효가 잘 된다.

둥글리기

발효 후 반죽을 둥글게 모아 표면을 매끄럽고 팽팽하게 만드는
작업이다. 반죽의 가장자리를 살살 밑으로 밀어 넣고
반죽을 잡아당겨 이음매 부분을 꼭꼭 집어 붙인다.

이음매

반죽을 성형할 때 가장자리가 한데 모이는 부분이다.
팡도르처럼 구운 후 틀을 뒤집어 완성하는 품목을 제외하고는
보통 휴지시키거나 구울 때 이음매 부분이 아래로 향하게 한다.

궁금해요! Q&A

베이킹의 원리를 이해하고 만들면 무작정 따라 할 때보다 실수가 줄어들고
과정이 더 재미있어져요. 베이킹 초보들이 평소에 궁금해하는 질문과
반복적으로 실패하는 부분에 대해 콕 집어 답변해드립니다.

01 반죽을 주걱으로 자르듯이 섞는 이유는 무엇인가요?

A 밀가루 속 단백질이 수분 재료를 만나 결합하면 탄력과 끈기가 있는 글루텐이 형성돼요.
버터, 설탕, 달걀 등을 섞은 반죽에 밀가루를 넣고 과도하게 치대듯 섞으면 필요 이상으로
글루텐이 많아져 부드러운 질감의 파운드케이크나 스펀지케이크, 바삭한 쿠키의 식감이 질기고
딱딱해질 수 있지요. 이때 가루 재료를 넣고 주걱의 날 부분으로 반죽을 자르듯이 섞으면
과도한 글루텐 생성이 방지돼 원하는 식감의 디저트를 만들 수 있어요.

02 반죽이 순두부처럼 몽글몽글해졌어요.

A 베이킹 초보자라면 파운드케이크를 만들 때 반죽이 분리돼 당황한 경험이 한 번쯤 있을 거예요.
분리된 반죽으로 만들면 식감이 거칠어지고 잘 부풀지 않아 완성도도 떨어진답니다.
그래서 유분인 버터와 수분이 많은 달걀처럼 서로 다른 성질의 재료를 섞을 때는 주의가 필요해요.
우선 함께 섞는 재료의 온도를 똑같이 실온 상태로 맞추고, 달걀을 조금씩 나누어 넣어가며
천천히 섞어야 분리 현상을 막을 수 있어요. 유화를 돕는 레시틴 성분이 들어 있는 달걀노른자를
먼저 섞는 것도 방법이에요. 만약 반죽이 분리돼 버렸다면 체 친 밀가루를 소량 섞으세요.
밀가루의 전분 성분이 분리된 반죽을 하나로 이어주는 접착제 역할을 한답니다.

03 마카롱 속이 비었어요.

A 마카롱을 굽다 보면 꼬끄 속이 빈 뻥카롱을 만들 때가 종종 있어요. 뻥카롱이 만들어지는 이유는
여러 가지인데요, 우선 반죽 온도가 너무 차가우면 안 돼요. 꼭 실온 상태의 흰자를 거품 내고
함께 섞는 재료들도 실온 상태로 준비하는 것이 좋아요. 또한 따뜻한 곳에 보관해 유분기가 많아지고
산화된 아몬드가루도 실패 원인이 될 수 있어요. 마지막으로 굽기 정도를 알맞게 조절해야 해요.
마카롱이 덜 익으면 식으면서 겉면은 딱딱하게 굳고 안쪽은 기공이 꺼지면서 가라앉아
결국 속에 빈 곳이 생긴답니다.

04 카늘레 안쪽 홈만 하얗게 구워져요.

A 분명 레시피대로 만들었는데 틀에서 꺼내 보니 카늘레 윗면 색이 잘 나지 않았던 적이 있나요?
카늘레를 반죽할 때 너무 많이 섞어 필요 이상으로 글루텐이 생성되면 굽는 동안 틀 안에서
과하게 부풀어 올라 틀 끝에 반죽이 걸리고, 아래쪽으로 반죽이 내려오지 못해 결국
밑면 안쪽 홈은 덜 구워지는 현상이 발생해요. 카늘레를 만들 때 가루가 스며들어 안 보일 때까지만
섞고 반죽 속의 글루텐이 안정화 될 수 있도록 충분히 휴지시킨 후 적정 온도로 예열된 오븐에 넣어
구우면 골고루 색이 잘 난 카늘레를 만들 수 있어요.

05 반죽을 냉장 휴지시키는 이유는 무엇인가요?

A 쿠키처럼 버터를 부드럽게 크림화시켜 섞는 반죽은 무르고 질은 상태로 완성되기 때문에
바로 성형하기 어려워요. 이때 냉장 휴지시키면 반죽이 단단해져 원하는 형태로 모양 잡기
쉬워진답니다. 또한 마들렌이나 피낭시에 반죽을 휴지시키면 반죽 속의 수분이 고르게
분포되면서 구조가 안정화되어 식감과 풍미가 좋아져요. 반죽이 되직해져 틀에 짜 넣기도
편하지요. 냉장 휴지시키는 동안 음식 냄새가 배지 않도록 꼭 밀봉하세요.

06 케이크가 다 익었는지 어떻게 알아보나요?

A 케이크 시트가 오븐 안에서 봉긋하게 부풀어 오르고 겉으로 보기에 잘 구워진 것 같아 꺼냈는데
식히는 동안 주저앉고 속이 덜 익은 경우가 있었나요? 케이크 시트가 잘 구워졌는지 확인하는
가장 좋은 방법은 꼬치로 찔러 보는 거예요. 중앙을 깊게 찔렀을 때 질은 반죽이 묻어나지
않거나 소량의 케이크 크림이 붙어있다면 완성이에요. 또한 스펀지케이크나 롤케이크의
경우에는 손으로 가운데를 눌렀을 때 부드럽게 눌리면서 다시 올라오지 않는다면 조금 더 굽고,
탄력이 느껴지며 다시 위로 올라온다면 잘 구워진 것이니 오븐에서 꺼내면 돼요.

07 바닐라 익스트랙트, 바닐라 에센스, 바닐라 오일의 차이점이 궁금해요.

A **바닐라 익스트랙트**는 바닐라빈을 럼이나 보드카처럼 도수가 높은 술에 넣어 숙성시킨
천연 향료로 진하고 부드러운 바닐라 향이 특징이에요.
바닐라 에센스는 바닐라 빈의 향미 성분을 알코올로 추출해 만들며 휘발성이 있어
크림이나 무스, 짧은 시간 동안 굽는 구움 과자 등에 적합해요.
바닐라 오일은 오일 성분에 바닐라 향을 입힌 것으로 오랫동안 가열해도 향이 날아가지 않아
파운드케이크, 타르트같이 오래 굽는 품목에 주로 사용해요. 가능한 천연 제품을 구입하고
에센스나 오일은 향이 강하니 1~2방울씩 소량만 넣는 것이 좋아요.

08 빵 윗면에 칼집을 넣는 이유는?

A 빵 윗면에 쿠프 나이프 또는 면도날로 칼집을 넣으면 반죽 속의 가스가 빠져나갈 수 있는
길이 만들어져요. 또한 칼집 덕분에 겉껍질이 제멋대로 터지지 않고 자연스럽게 부풀어 올라
균일한 모양으로 구워진답니다. 유럽에서는 고유의 칼집 모양으로 빵을 구분하기도 해요.
칼날을 30° 각도로 기울이고 한 번에 쓱 그어야 예쁘게 만들 수 있어요.

09 겨울철에는 빵 발효가 어려워요.

A 기온이 낮은 겨울철이나 작업 공간의 온도가 낮고 건조할 때에는 커다란 보냉백이나 스티로폼
박스, 전자레인지를 활용해 발효하면 좋아요. 보냉백 또는 전자레인지 안에 뜨거운 물이 담긴
그릇을 넣고 반죽을 담아 랩을 씌운 후 함께 넣어 발효하면 실온 발효 효과를 낼 수 있어요.

Small
Cookies

—

와그작 베어 물면 고소하고 달콤한 조각들이 입안에서 데굴데굴 굴러다니는 **바삭한 과자**
입안에 넣자마자 사르르 녹아내리며 달달한 풍미를 한가득 퍼트리는 **부드러운 과자**
졸깃졸깃 씹을 때마다 단맛이 스며나와 혀끝을 감미롭게 하는 **쫄깃한 과자**
만들어 먹을 때도 선물할 때도 언제나 큰 기쁨을 선사하는 작은 과자를 소개합니다.

아메리칸 쿠키 + 스모어 쿠키

일명 르뱅쿠키, 마약쿠키라고도 불리는 미국식 초코칩 쿠키예요. 어른 주먹만 한 크기의
도톰한 쿠키 속에 고소한 견과류와 달콤한 초콜릿이 한가득 들어 있는 '겉바속촉' 쿠키랍니다.
달고 부드러운 마시멜로우를 더한 스모어 쿠키는 아이들이 특히 좋아해요.
취향에 따라 설탕 양을 30g 내외에서 조절해도 돼요.

지름 9cm 아메리칸 쿠키 14개, 스모어 쿠키 12개　　약 1시간 (휴지 포함)　　에어프라이어 170℃ / 12분

밀폐용기 _실온 1주, 반죽 냉동 1달

기본 레시피

아메리칸 쿠키

- ☐ 실온 버터 220g
- ☐ 비정제 설탕
　(또는 황설탕) 150g
- ☐ 설탕 40g
- ☐ 소금 2g
- ☐ 바닐라 익스트랙트 3g
- ☐ 실온 달걀 2개
- ☐ 옥수수전분 5g
- ☐ 중력분 150g
- ☐ 박력분 150g
- ☐ 베이킹파우더 3g
- ☐ 베이킹소다 2g

필링
- ☐ 피칸 100g
- ☐ 캐슈너트 100g
- ☐ 다크 초콜릿(제과용,
　큐브 또는 동전형) 250g

+응용 레시피

스모어 쿠키

- ☐ 실온 버터 150g
- ☐ 실온 땅콩버터 70g
- ☐ 비정제 설탕
　(또는 황설탕) 150g
- ☐ 설탕 40g
- ☐ 소금 2g
- ☐ 바닐라 익스트랙트 3g
- ☐ 실온 달걀 2개
- ☐ 옥수수전분 5g
- ☐ 중력분 150g
- ☐ 박력분 150g
- ☐ 베이킹파우더 4g

필링
- ☐ 피칸 100g
- ☐ 캐슈너트 100g

토핑
- ☐ 마시멜로우 12개
- ☐ 로투스 쿠키 12개

도구 준비하기

볼　　핸드믹서　주걱　　체

미리 준비하기
- 견과류는 사방 1cm 크기로 썬다.

삼각뿔 모양을 확인해요

01

볼에 버터를 넣고 핸드믹서로 덩어리가
없는 부드러운 상태가 될 때까지 푼다.
★ 핸드믹서가 지나간 자리의 버터가
　삼각뿔 모양이 되면 잘 풀어진 거예요.

응용

01

볼에 버터, 땅콩버터를 넣고 핸드믹서로
덩어리가 없는 부드러운 상태가 될 때까지 푼다.
★ 핸드믹서가 지나간 자리의 버터가
　삼각뿔 모양이 되면 잘 풀어진 거예요.

바삭한 과자
—
쿠키

02

비정제 설탕, 설탕, 소금, 바닐라 익스트랙트를
넣고 핸드믹서로 설탕이 반죽에 스며들
때까지 섞는다. ★ 설탕 양이 많아 다 녹지 않고
서걱거리는 느낌이 들지만 괜찮아요.

03

달걀 1개를 넣고 완전히 섞일 때까지 휘핑한다.
체 친 옥수수전분, 달걀 1개를 넣고 반죽이 약간
묵직해지고 매끄러운 크림 상태가 될 때까지 휘핑한다.
★ 달걀 양이 많아 반죽이 분리될 수 있어요.
이때, 옥수수전분을 넣으면 반죽이 분리되는
것을 막아줘요.

04

가루 재료가 살짝 보일 때까지 섞으세요

나머지 가루 재료를 모두 체 쳐 넣고
80% 정도 섞일 때까지 주걱으로
자르듯이 섞는다. ★ 자르듯이 섞으면
반죽의 글루텐 생성이 최소화돼 식감이
부드러워져요.

05

필링 재료를 모두 넣고 주걱으로 골고루
섞는다. 반죽을 위생팩에 넣고 납작하게
눌러 냉장실에서 30분간 휴지시킨다.

06

동그랗게 빚어주세요

반죽을 85g씩 나누고 박력분(분량 외)을
묻힌 손으로 재빨리 동그랗게 빚는다.
★ 아이스크림 스쿱을 사용해도 좋아요.
오븐 예열

06

응용

반죽을 85g씩 나누고 박력분(분량 외)을
묻힌 손으로 동글납작하게 빚은 후
가운데 마시멜로우를 넣고 가장자리를
살짝 오므려 덮는다.

07

실리콘매트(또는 유산지)를 깐 오븐팬에
일정한 간격으로 올린다. ★ 쿠키가
구워지면서 퍼지니 사방 3cm 이상
간격을 두세요.

08

손으로 모양을 가다듬고 윗면을 살짝 누른다.
★ 이때, 반죽에 들어가는 견과류를 조금 남겨
두었다가 윗면에 올리면 더 먹음직스러워요.
자연스러운 모양이 좋다면 이 과정을 생략해요.

09

170℃로 예열한 오븐에서 12~14분간
굽고 식힘망에 올려 식힌다.
★ 굽는 중간 팬을 한 번 돌려주면
골고루 구워져요.

09

응용

170℃로 예열한 오븐에서 12~14분간
굽고 뜨거울 때 마시멜로우에 로투스 쿠키를
꽂아 장식한 다음 식힘망에 올려 식힌다.
★ 쿠키가 뜨거우니 화상에 주의하세요.

---

tip **스모어 쿠키 다양하게 장식하기**

로투스 쿠키 대신 미니 프레첼, 뽀또, 미니 오레오, m&m 초콜릿,
롤리폴리 같은 시판 과자로 장식해보세요. 알록달록 귀여운 모양의 과자로 장식한
스모어 쿠키는 아이들 선물로 인기 만점이랍니다.

tip **견과류 대체하기**

피칸, 캐슈너트는 호두, 아몬드, 땅콩 등으로 대체 가능해요.
1~2종류를 총 200g이 되도록 준비해 넣어주세요.

바치디다마 + 황치즈 바치디다마

'여인의 키스'라는 뜻의 이탈리아 전통쿠키 바치디다마
(Baci di dama)는 여성의 입술 모양을 닮아서
이렇게 이름 붙여졌다고 해요. 아몬드가루를 넣은
고소한 과자는 입안에서 가볍게 부서지고
그 속의 초콜릿은 기분 좋은 단맛을 선사한답니다.

기본 레시피
바치디다마

- □ 실온 버터 70g
- □ 슈가파우더 40g
- □ 소금 1g
- □ 박력분 80g
- □ 아몬드가루 40g

초콜릿 필링
- □ 다크 초콜릿(제과용,
　또는 누텔라) 50g

+응용 레시피
황치즈 바치디다마

- □ 실온 버터 70g
- □ 슈가파우더 40g
- □ 소금 1g
- □ 박력분 65g
- □ 황치즈가루 10g
- □ 아몬드가루 40g

황치즈 초콜릿 필링
- □ 화이트 초콜릿(제과용) 50g
- □ 황치즈가루 8g

도구 준비하기

 볼　 핸드믹서　 주걱　 체

 칼　 짤주머니

01

바치디다마 볼에 버터를 넣고 핸드믹서로 덩어리가 없는 부드러운 상태가 될 때까지 푼다. 슈가파우더, 소금을 넣고 반죽에 스며들 때까지 섞는다. ★ 많이 휘핑하지 않고 가볍게 섞는 정도로도 충분해요.

02

가루 재료를 모두 체 쳐 넣고 가루가 보이지 않을 때까지 주걱으로 지르듯이 섞는다. ★ 종긴종긴 볼 옆면과 바닥의 반죽을 모아 섞으세요.

03

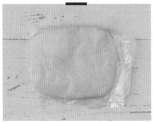

위생팩에 넣고 조물조물 주물러 한 덩어리로 만든 후 손으로 납작하게 눌러 편다. 냉장실에서 30분간 휴지시킨다. ★ 납작하게 눌러 휴지시켜야 반죽이 금방 단단해져요.

04

③의 반죽을 칼로 5g씩 나눈다.
★ 반죽을 일정한 두께로 썰고 다시 일정한 너비로 자르면 쉽게 나눌 수 있어요.
오븐 예열 ↙

05

박력분(분량 외)을 묻힌 손으로 재빨리
동그랗게 빚어 실리콘매트(또는 유산지)를
깐 오븐팬 위에 일정한 간격으로 올린다.
★ 최대한 동그랗게 빚어야 구운 후 모양이
예뻐요.

06

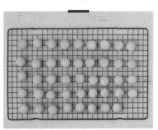

160℃로 예열한 오븐에서 8~10분간 굽고
식힘망에 올려 완전히 식힌다.
★ 굽는 중간 팬을 한 번 돌려주면 골고루
구워져요.

07

초콜릿 필링 중탕으로 녹인 다크 초콜릿을
짤주머니에 넣고 약간 되직해질 때까지
서늘한 곳에서 굳힌다.
★ 단단하게 굳었을 때는 물이 들어가지
않도록 주의하며 중탕으로 녹여요.

07

응용

황치즈 초콜릿 필링 중탕으로 녹인 화이트
초콜릿에 황치즈가루를 섞고 짤주머니에 넣어
약간 되직해질 때까지 서늘한 곳에서 굳힌다.
★ 단단하게 굳었을 때는 물이 들어가지
않도록 주의하며 중탕으로 녹여요.

08

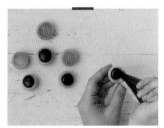

⑥의 쿠키 1/2분량 한쪽 면에 ⑦의
필링을 짜고 나머지 쿠키로 샌드한다.

tip 녹차 바치디다마 만들기

황치즈 바치디다마 반죽에 황치즈가루 대신
녹차가루 8g을 넣고 동일한 방법으로 만들어요.
필링의 황치즈가루도 동량의 녹차가루로 대체하면
달콤 쌉싸름한 녹차 바치디다마가 완성돼요.

럼레이즌 버터쿠키 + 크림치즈 녹차 버터쿠키

버터 풍미의 쿠키 사이에 달콤한 크림을 샌드한 바삭한 과자예요. 씹을수록 입안 가득 퍼지는
럼 향이 묘하게 중독적인 어른들을 위한 쿠키랍니다. 럼레이즌 필링은 쌉쌀한 맛의 녹차나
초콜릿 쿠키와도 잘 어울려요. 럼주를 빼고 건포도만 넣어 아이용으로 만들어도 좋답니다.

기본 레시피

럼레이즌 버터쿠키

버터쿠키
☐ 실온 버터 70g
☐ 설탕 40g
☐ 소금 1g
☐ 달걀노른자 1개
☐ 박력분 100g
☐ 아몬드가루 30g

럼레이즌 필링
☐ 럼주 10g
☐ 건포도 40g
☐ 화이트 초콜릿(제과용) 60g
☐ 버터 60g

+응용 레시피

크림치즈 녹차 버터쿠키

녹차 버터쿠키
☐ 실온 버터 70g
☐ 설탕 40g
☐ 소금 1g
☐ 달걀노른자 1개
☐ 박력분 85g
☐ 아몬드가루 30g
☐ 녹차가루 10g

크림치즈 필링
☐ 크림치즈 60g
☐ 연유 15g
☐ 슈가파우더 15g

도구 준비하기

볼　　핸드믹서　　주걱　　체

밀대　　원형 쿠키커터　　짤주머니

미리 준비하기
• 럼레이즌 필링용 럼주와 건포도를 섞어 전자레인지에서
30초간 가열한 후 식힌다.

01

버터쿠키 볼에 버터를 넣고 핸드믹서로
덩어리가 없는 부드러운 상태가
될 때까지 푼다.

02

설탕, 소금, 달걀노른자를 넣고
설탕이 반죽에 스며들 때까지 섞는다.
★ 많이 휘핑하지 않고 가볍게 섞는
정도로도 충분해요.

03

박력분, 아몬드가루를 체 쳐 넣고
가루가 보이지 않을 때까지 주걱으로
자르듯이 섞는다. ★ 중간중간 볼 옆면과
바닥의 반죽을 모아 섞으세요.

응용 03

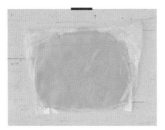

박력분, 아몬드가루, 녹차가루를 체 쳐 넣고
가루가 보이지 않을 때까지 주걱으로
자르듯이 섞는다. ★ 중간중간 볼 옆면과
바닥의 반죽을 모아 섞으세요.

04

위생팩에 넣고 조물조물 주물러
한 덩어리로 만든 후 손으로 얇게 눌러 편다.
냉동실에서 30분간 휴지시킨다. ★ 얇게 눌러
휴지시켜야 다음에 밀어 펴기 쉬워요.

05

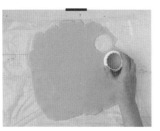

④의 반죽 아래위에 비닐을 깔고
박력분(분량 외)을 뿌려가며
약 3mm 두께가 되도록 밀대로 밀어 편다.
오븐 예열

06

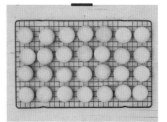

윗면 비닐을 떼어내고 반죽의 양면에
박력분(분량 외)을 살짝 바른 후
지름 5cm 원형 쿠키커터로 반죽을 찍어 낸다.

07

실리콘매트(또는 유산지)를 깐 오븐팬에
일정한 간격으로 올린다. 160℃로 예열한
오븐에서 8~10분간 구운 다음 식힘망에
올려 완전히 식힌다.

08

럼레이즌 필링 중탕으로 녹인 화이트 초콜릿에 버터를 넣고 유분기가 사라지고 매끄러워질 때까지 섞는다. 짤주머니에 넣고 약간 되직해질 때까지 서늘한 곳에서 굳힌다.

응용 08

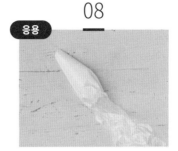

크림치즈 필링 볼에 크림치즈를 넣고 핸드믹서로 부드럽게 풀어준 후 연유, 슈가파우더를 넣고 골고루 섞는다. 짤주머니에 담는다.

09

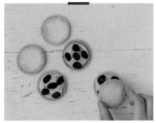

⑦의 쿠키 1/2분량 한쪽 면에 ⑧의 럼레이즌 필링을 짜고 럼에 절인 건포도를 4~5개 정도 올린 후 나머지 쿠키로 샌드한다.
★ 가장자리를 살짝 비우고 짜야 먹을 때 밖으로 흘러내리지 않아요. 필링은 먹기 직전에 샌드해야 쿠키가 눅눅해지지 않아요.

응용 09

⑦의 쿠키 1/2분량 한쪽 면에 ⑧의 크림치즈 필링을 짜고 나머지 쿠키로 샌드한다.
★ 가장자리를 살짝 비우고 짜야 먹을 때 밖으로 흘러내리지 않아요. 필링은 먹기 직전에 샌드해야 쿠키가 눅눅해지지 않아요.

tip 초콜릿 버터쿠키 만들기

크림치즈 녹차 버터쿠키 반죽에 녹차가루 대신 동량의 무가당 코코아가루를 넣고 동일한 방법으로 만들어요. 취향에 따라 원하는 필링을 샌드해 맛보세요.

머랭쿠키 + 치즈 머랭 샌드쿠키

커스터드크림, 에그타르트 등을 만들고 남은 달걀흰자로 머랭쿠키를 만들어보세요.
입안에서 바삭하게 부서졌다가 사르르 녹아내리는 달콤한 머랭쿠키는 아이들이 특히 좋아해요.
취향에 따라 색상과 깍지 모양을 달리해 나만의 쿠키를 만들 수 있다는 것도 머랭쿠키의 장점이랍니다.

머랭쿠키_지름 3cm 45개 / 치즈 머랭 샌드쿠키_지름 2.5cm 80개   🕐 머랭쿠키 약 2시간 20분 / 치즈 머랭 샌드쿠키 약 1시간 50분

밀폐용기 _실온 1주일

기본 레시피
머랭쿠키

□ 차가운 달걀흰자 60g
□ 설탕 70g
□ 슈가파우더 40g
□ 식용 색소 약간

+응용 레시피
치즈 머랭 샌드쿠키

□ 차가운 달걀흰자 30g
□ 설탕 35g
□ 슈가파우더 20g
□ 황치즈가루 4g
□ 치즈 크래커(미니 사이즈) 160개

도구 준비하기

볼   거품기   핸드믹서   주걱

원형깍지   짤주머니

미리 준비하기

• 짤주머니에 원형깍지를 끼운다.

01

볼에 달걀흰자를 넣고 거품기로 멍울을
푼 후 설탕을 넣고 녹을 때까지 섞는다.

02

뜨거운 물에 ①의 볼을 올리고 거품기로
저어가며 60℃가 될 때까지 중탕한다.

03

뾰족한 뿔 모양을 확인해요

볼을 뜨거운 물에서 내리고
핸드믹서의 높은 단에서 뾰족한 뿔 모양의
단단한 머랭이 될 때까지 휘핑한다.

04

슈가파우더를 넣고 핸드믹서의
중간 단에서 골고루 섞는다.

05

다른 볼에 ④의 머랭 1/3분량을 넣고
색소 약간을 넣어 주걱으로 가볍게 섞는다.
★ 색소가 완전히 섞이지 않아도 괜찮아요.
너무 오래 섞으면 머랭이 꺼질 수 있으니
주의하세요.

05

응용

④에 황치즈가루를 넣고 주걱으로
재빨리 섞는다. ★ 황치즈가루가 완전히
섞이지 않아도 괜찮아요. 너무 오래 섞으면
머랭이 꺼질 수 있으니 주의하세요.

06

원형깍지를 끼운 짤주머니에 ④의
기본 머랭과 ⑤의 색소를 섞은 머랭을
반씩 넣는다. ★ 머랭을 반씩 넣으면 짜면서
자연스럽게 마블 무늬가 만들어져요.
오븐 예열

06

응용

원형깍지를 끼운 짤주머니에
응용 ⑤의 머랭을 넣는다.

07

오븐팬에 테프론시트(또는 실리콘매트)를
깔고 바닥에서 1cm 정도 떨어진 높이에서
물방울 모양으로 짠다.

07

응용

오븐팬에 테프론시트(또는 실리콘매트)를
깔고 미니 치즈 크래커 1/2분량을 일정한
간격으로 올린다. ⑥의 머랭을 짠 후
나머지 크래커로 덮는다.

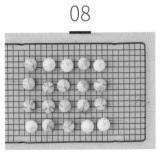

85℃로 예열한 오븐에서 1시간 30분간
굽고 바로 테프론시트에서 떼어내
식힘망에 올려 식힌다.

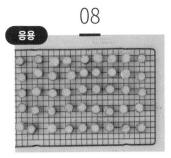

85℃로 예열한 오븐에서 1시간 굽고
식힘망에 올려 식힌다.

---

tip 머랭쿠키 보관하기

머랭쿠키는 수분을 흡수하는 성질이 있어 금방 눅눅해져요.
머랭쿠키가 완전히 식으면 바로 식품용 제습제와 함께 밀폐용기에 담아 보관하세요.

tip 치즈 머랭 샌드쿠키 응용하기

과정 ⑥까지 동일한 방법으로 치즈 머랭을 만들어요. 테프론시트를 깐 오븐팬 위에
사이즈가 큰 치즈 크래커를 올리고 크래커 위에 물방울 모양으로 머랭을 짜세요.
85℃로 예열한 오븐에서 1시간 30분간 굽고 식힘망에 올려 식혀요.

갈레트 브루통 + 무화과 갈레트 브루통

프랑스 브루타뉴 지방의 전통 과자로 진한 버터 풍미를 제대로 느낄 수 있는 바삭한 쿠키예요.
달걀물을 발라 먹음직스러운 구움 색을 내고 특유의 무늬를 넣는 것이 특징이지요.
발효 과정을 거쳐 맛이 풍부한 고메버터를 사용하면 더 맛있게 만들 수 있어요.

기본 레시피
갈레트 브루통

- ☐ 실온 버터 130g
- ☐ 슈가파우더 70g
- ☐ 소금 1g
- ☐ 달걀노른자 2개
- ☐ 박력분 100g
- ☐ 아몬드가루 50g
- ☐ 베이킹파우더 1g
- ☐ 럼주 5g

달걀물
- ☐ 달걀노른자 1개
- ☐ 우유 15g

+응용 레시피
무화과 갈레트 브루통

- ☐ 실온 버터 130g
- ☐ 슈가파우더 70g
- ☐ 소금 1g
- ☐ 달걀노른자 2개
- ☐ 박력분 100g
- ☐ 아몬드가루 50g
- ☐ 베이킹파우더 1g

무화과 필링
- ☐ 반건조 무화과(잘게 썬 것) 60g
- ☐ 럼주 5g
- ☐ 물 5g

토핑
- ☐ 반건조 무화과 6개

달걀물
- ☐ 달걀노른자 1개
- ☐ 우유 15g

도구 준비하기

볼　　핸드믹서　　주걱　　체

밀대　　갈레트틀　　원형 쿠키커터　　붓

미리 준비하기

• 무화과 필링용 무화과를 잘게 썰고 모든 재료를 섞는다.
전자레인지에서 30초간 가열한 뒤 완전히 식힌다.
• 달걀물 재료를 골고루 섞는다.

01

볼에 버터를 넣고 핸드믹서로 덩어리가
없는 부드러운 상태가 될 때까지 푼다.

02

슈가파우더, 소금, 달걀노른자를 넣고
슈가파우더가 반죽에 스며들어 매끄러운
상태가 될 때까지 섞는다. ★ 많이 휘핑하지
않고 가볍게 섞는 정도로도 충분해요.

03

박력분, 아몬드가루, 베이킹파우더를 체 쳐
넣고 럼주를 넣어 가루가 보이지 않을 때까지
주걱으로 자르듯이 섞는다. ★ 중간중간
볼 옆면과 바닥의 반죽을 모아 섞으세요.

응용 03

박력분, 아몬드가루, 베이킹파우더를 체 쳐
넣고 80% 정도 섞일 때까지 주걱으로 자르듯이
섞은 다음 무화과 필링을 넣고 가볍게 섞는다.
★ 중간중간 볼 옆면과 바닥의 반죽을 모아
섞으세요.

04

위생팩에 반죽을 넣고 조물조물 주물러
한 덩어리로 만든 다음 1.5cm 정도 두께가
되도록 매만져 냉동실에서 30분간 휴지시킨다.
★ 버터가 많은 반죽을 냉동 휴지시키면
구울 때 반죽이 퍼지는 것을 방지해요.

05

④의 반죽 아래위에 비닐을 깔고 박력분
(분량 외)을 뿌려가며 1.5cm 두께로 밀어 편 후
지름 6cm 원형 쿠키커터로 반죽을 찍어낸다.
남은 반죽은 다시 한 덩어리로 뭉쳐 같은 방법으로
만든다. ★ 각봉을 사용하면 편리해요. **오븐 예열**

06

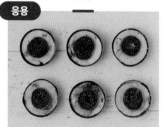

갈레트틀에 반죽을 넣고 윗면에 붓으로
달걀물을 바른 다음 포크로 열십(十)자
모양 무늬를 넣는다. ★ 취향에 따라 무늬를
생략하거나 다른 무늬를 넣어도 좋아요.

응용 06

토핑용 무화과를 가로로 2등분한다.
갈레트 틀에 반죽을 넣고 윗면에
붓으로 달걀물을 바른 다음 잘린 단면이
위로 가도록 무화과를 올리고 살짝 누른다.

07

160℃로 예열한 오븐에서 20~25분간
굽고 틀째 식힘망에 올려 식힌다.

플로랑탱 + 코코넛 플로랑탱

플로랑탱(Florentin)은 이탈리아의 도시 '피렌체에서'란 뜻이에요. 이탈리아의 카트린 공주가
프랑스 앙리 2세와 결혼하면서 프랑스에 전파되어 지금은 프랑스를 대표하는 구움과자가 되었답니다.
고소한 사브레 위에 설탕과 생크림 시럽에 졸인 견과류를 올려 구우면 시간이 지날수록 캐러멜화되어
특유의 달콤한 풍미가 완성돼요.

046

기본 레시피
플로랑탱

파트 사브레
- ☐ 실온 버터 60g
- ☐ 설탕 30g
- ☐ 소금 1g
- ☐ 달걀노른자 1개
- ☐ 박력분 100g

아몬드 토핑
- ☐ 생크림 30g
- ☐ 올리고당 25g
- ☐ 설탕 35g
- ☐ 버터 30g
- ☐ 아몬드 슬라이스 50g
- ☐ 건조 크랜베리 10g

+응용 레시피
코코넛 플로랑탱

파트 사브레
- ☐ 실온 버터 60g
- ☐ 설탕 30g
- ☐ 소금 1g
- ☐ 달걀노른자 1개
- ☐ 박력분 100g

코코넛 토핑
- ☐ 생크림 30g
- ☐ 올리고당 25g
- ☐ 설탕 35g
- ☐ 버터 30g
- ☐ 아몬드 슬라이스 20g
- ☐ 코코넛 슬라이스 30g

장식
- ☐ 다크 초콜릿(제과용) 20g

도구 준비하기

볼   핸드믹서   주걱   체

밀대   사각무스틀   냄비   스크래퍼   칼

미리 준비하기
- 사각무스틀에 깔 유산지를 재단해 둔다.

01

파트 사브레 볼에 버터를 넣고 핸드믹서로 덩어리가 없는 부드러운 상태가 될 때까지 푼 다음 설탕, 소금, 달걀노른자를 넣고 설탕이 반죽에 스며들 때까지 섞는다. ★ 많이 휘핑하지 않고 가볍게 섞는 정도로도 충분해요.

02

박력분을 체 쳐 넣고 가루가 보이지 않을 때까지 주걱으로 자르듯이 섞는다.
★ 중간중간 볼 옆면과 바닥의 반죽을 모아 섞으세요.

03

위생팩에 넣고 조물조물 주물러 한 덩어리로 만든 후 사방 15cm 정도의 정사각형 모양으로 눌러 편다. 냉동실에서 30분간 휴지시킨다. ★ 미리 모양을 잡아 휴지시키면 다음 작업이 쉬워져요.

04

③의 반죽 아래위에 비닐을 깔고 박력분 (분량 외)을 뿌려가며 사방 18cm 크기가 되도록 밀대로 밀어 편다. 윗면 비닐을 떼어내고 반죽의 양면에 박력분(분량 외)을 살짝 바른 후 사각무스틀로 찍어낸다. 오븐 예열

05

실리콘매트(또는 유산지)를 깐 오븐팬 위에 사각무스틀을 올리고 반죽을 넣은 다음 포크로 골고루 구멍을 낸다.
★ 포크로 반죽에 구멍을 내면 반죽이 평평하게 구워져요.

06

170℃로 예열한 오븐에서 10~12분간 굽고 오븐팬 그대로 식힘망에 올려 완전히 식힌다.

07

아몬드 토핑 냄비에 생크림, 올리고당, 설탕을 넣고 가열한다. 한소끔 끓어오르면 불을 끄고 버터를 넣어 녹인 다음 아몬드 슬라이스, 크랜베리를 넣어 섞는다.

07

응용

코코넛 토핑 냄비에 생크림, 올리고당, 설탕을 넣고 가열한다. 한소끔 끓어오르면 불을 끄고 버터를 넣어 녹인 다음 아몬드 슬라이스, 코코넛 슬라이스를 넣어 섞는다.

08

미리 재단해둔 유산지를 사각무스틀
안쪽에 깔고 구워 둔 파트 사브레를 넣은 다음
토핑을 올려 스크래퍼로 고르게 편다.

09

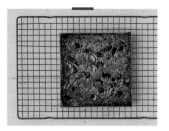

160℃로 예열한 오븐에서 17~20분간
굽고 식힘망에 올려 한김 식힌다.
★ 짙은 갈색이 될 때까지 충분히 구워야
진한 풍미의 플로랑탱이 만들어져요.

10

틀에서 꺼낸 뒤 온기가 남아 있을 때
3×9cm 크기가 되도록 칼로 12등분한다.
★ 따뜻할 때 칼로 한 번에 꾹 눌러 썰어야
부서지지 않아요.

10

응용

장식용 다크 초콜릿을 중탕으로 녹여 짤주머니에
담는다. 플로랑탱의 온기가 남아 있을 때 3×9cm 크기로
12등분하고 다크 초콜릿을 지그재그로 짜 장식한
다음 서늘한 곳에서 굳힌다. ★ 초콜릿을 숟가락으로
자연스럽게 뿌려도 좋아요.

---

tip 파트 사브레 알아보기

프랑스어로 파트(Pâte)는 반죽, 사브레(Sablée)는 '모래'라는 뜻이에요.
입안에 넣었을 때 모래처럼 부서지는 식감을 내어 파트 사브레라 부른답니다.
타르트 또는 플로랑탱처럼 견과류 토핑이 올라가는 과자에 주로 사용돼요.

결스콘 + 홍차 결스콘 + 마늘버터 결스콘

평소 먹던 묵직하고 퍽퍽한 스콘과 달리 겉은 바삭, 속은 촉촉한 새로운 식감의 스콘이에요.
차가운 버터를 작게 잘라 넣고 여러 번 반죽을 겹쳐 올려가며 반죽해 파이처럼 결이 층층이 살아있어요.
은은한 향의 홍차 결스콘은 티푸드로, 짭짤한 마늘버터 결스콘은 식사 대용으로 추천해요.

기본 레시피
결스콘

- 강력분 100g
- 박력분 100g
- 베이킹파우더 6g
- 설탕 35g
- 소금 1g
- 차가운 버터 90g
- 차가운 우유 85g

달걀물
- 달걀노른자 1개
- 우유 15g

+ 응용 레시피 A
홍차 결스콘

- 강력분 100g
- 박력분 100g
- 베이킹파우더 6g
- 설탕 35g
- 소금 1g
- 차가운 버터 90g
- 차가운 우유 85g
- 홍차가루 2g

달걀물
- 달걀노른자 1개
- 우유 15g

+ 응용 레시피 B
마늘버터 결스콘

- 강력분 100g
- 박력분 100g
- 베이킹파우더 6g
- 설탕 35g
- 소금 1g
- 차가운 버터 90g
- 차가운 우유 85g

달걀물
- 달걀노른자 1개
- 우유 15g

마늘버터
- 실온 버터 30g
- 설탕 20g
- 소금 약간
- 다진 마늘 25g(기호에 따라 가감)
- 파슬리가루 약간(생략 가능)

도구 준비하기

볼   스크래퍼   체   주걱   붓   칼

미리 준비하기
- 반죽용 버터는 사방 1cm 크기로 썰고 냉장실에 넣어 차갑게 준비한다.
- 달걀물 재료를 골고루 섞는다.
- 홍차 결스콘의 우유와 홍차가루를 섞어 냉장실에서 30분 이상 우린다.
- 마늘버터 재료를 골고루 섞는다.

01

볼에 체 친 강력분, 박력분, 베이킹파우더와 설탕, 소금을 넣는다.

02

차가운 버터를 넣고 버터가 완두콩 크기가 될 때까지 스크래퍼로 위에서 아래로 눌러가며 자른다. ★ 푸드프로세서에 재료를 넣고 갈면 편해요. 중간중간 볼 옆면과 바닥의 반죽을 모아 섞으세요.

03

부슬부슬한 상태예요

반죽이 부슬부슬한 상태가 되면
차가운 우유를 골고루 넣고 볼을 돌려가며
스크래퍼로 자르듯이 섞는다.
★ 버터가 녹지 않도록 재빠르게 섞으세요.

03

응용 A

반죽이 부슬부슬한 상태가 되면
차가운 홍차 우유를 골고루 넣고 볼을 돌려가며
스크래퍼로 자르듯이 섞는다.
★ 버터가 녹지 않도록 재빠르게 섞으세요.

04

반죽을 한 덩어리로 뭉쳐 박력분(분량 외)을
뿌린 작업대 위에 올린다. 납작한 직사각형
모양이 되도록 손으로 누르고 스크래퍼로
가장자리를 반듯하게 가다듬는다. **오븐 예열**

05

반죽을 2등분해 겹쳐 올리고 스크래퍼로 납작하게 누른다.
이 과정을 두 번 더 반복한다. 이때, 반죽이 질척하게 손에
달라붙으면 냉동실에 5분간 넣고 차가워지면 다시 작업한다.
★ 스콘의 결을 만드는 중요한 과정이에요.
버터가 녹지 않도록 주의하며 재빨리 작업하세요.

06

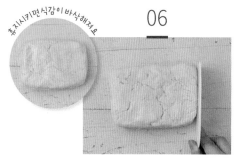

휴지시키면 식감이 바삭해져요.

반죽을 15×10cm 크기의 직사각형 모양이
되도록 스크래퍼로 누르고 가장자리를
반듯하게 정리한 후 위생팩에 넣어
냉장실에서 30분간 휴지시킨다.

07

반죽을 5×5cm 크기가 되도록 칼로
6등분한다. ★ 칼로 한 번에 쑥 잘라야
스콘의 결이 뭉개지지 않아요.

바삭한 과자 — 작은 과자

08

실리콘매트(또는 유산지)를 깐 오븐팬에
일정한 간격으로 올리고 윗면에 붓으로
달걀물을 골고루 바른다.

08

응용 B

실리콘매트(또는 유산지)를 깐 오븐팬에
일정한 간격으로 올리고 반죽의 가운데를
스크래퍼로 살짝 눌러 자국을 만든 다음
붓으로 달걀물을 골고루 바른다.
★ 반죽이 벌어지면서 마늘버터가
들어갈 자리가 만들어져요.

09

180℃로 예열한 오븐에서 17~20분간
굽고 식힘망에 올려 식힌다.
★ 굽는 중간 팬을 한 번 돌려주면
골고루 구워져요.

09

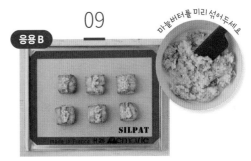

응용 B

마늘버터를 미리 섞어두세요.

180℃로 예열한 오븐에서 13~15분간
구운 후 오븐에서 꺼내 가운데
마늘버터를 올리고 다시 오븐에 넣어
5~7분간 더 굽는다. 식힘망에 올려 식힌다.

---

tip 푸드프로세서로 반죽하기

푸드프로세서를 사용하면 좀 더 쉽고 빠르게 만들 수 있어요.
체 친 강력분, 박력분, 베이킹파우더와 설탕, 소금, 차가운 버터를 넣고
2초씩 끊어가며 갈아요. 볼에 옮겨 담고 차가운 우유를 넣어
스크래퍼로 자르듯이 섞은 다음 과정 ④부터 동일한 방법으로 만들어요.

레몬 필링 마들렌

+ 라즈베리 필링 초콜릿 마들렌
+ 당근 크럼블 마들렌

마들렌은 프랑스를 대표하는 구움과자로
조개 모양 틀에 굽는 것이 특징이에요.
그냥 먹어도 맛있지만 필링을 채우면 식감이
촉촉해지고 맛이 더욱 풍부해진답니다.
반죽을 충분히 냉장 휴지시키면 재료들이
서로 결합하여 안정화되고, 구울 때 차가운
반죽과 뜨거운 오븐의 온도차로 인해
볼록한 배꼽이 만들어져요.

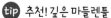 **추천! 깊은 마들렌틀**

무늬가 선명하고 가운데가 오목한 틀을 사용해야 모양이
예쁘고 배꼽이 볼록한 마들렌을 만들 수 있어요.
코팅력이 우수하고 열전도율이 높은 틀을 사용하면 좋아요.

🧁 7.8×5cm 10~12개　　🕐 약 3시간 (휴지 포함)　　📍 에어프라이어 180℃ / 10분

🗄 밀폐용기 _레몬 필링 마들렌 냉장 2일, 라즈베리 필링 초콜릿·당근 크럼블 마들렌 실온 3일, 반죽 냉장 2일

기본 레시피	+응용 레시피 A	+응용 레시피 B
## 레몬 필링 마들렌	## 라즈베리 필링 초콜릿 마들렌	## 당근 크럼블 마들렌

<table>
<tr><td>

기본 레시피

레몬 필링 마들렌

☐ 실온 달걀 2개
☐ 설탕 100g
☐ 소금 1g
☐ 꿀 15g
☐ 녹인 버터 110g
☐ 박력분 100g
☐ 아몬드가루 30g
☐ 베이킹파우더 3g

레몬 필링
☐ 달걀 1개
☐ 달걀노른자 1개
☐ 설탕 45g
☐ 레몬즙 1개(약 32g)
☐ 레몬제스트 1개분(5~7g)
☐ 실온 버터 45g

</td><td>

+응용 레시피 A

라즈베리 필링 초콜릿 마들렌

☐ 실온 달걀 2개
☐ 설탕 100g
☐ 소금 1g
☐ 꿀 15g
☐ 녹인 버터 110g
☐ 박력분 90g
☐ 아몬드가루 30g
☐ 베이킹파우더 3g
☐ 무가당 코코아가루 10g
☐ 녹인 다크 초콜릿(제과용) 20g

라즈베리 필링
☐ 산딸기잼 적당량

</td><td>

+응용 레시피 B

당근 크럼블 마들렌

☐ 실온 달걀 2개
☐ 설탕 100g
☐ 소금 1g
☐ 꿀 15g
☐ 녹인 버터 110g
☐ 박력분 100g
☐ 아몬드가루 30g
☐ 베이킹파우더 3g
☐ 시나몬가루 1g
☐ 다진 당근 80g

크럼블
☐ 실온 버터 40g
☐ 설탕 30g
☐ 소금 약간
☐ 박력분 40g
☐ 아몬드가루 50g
☐ 시나몬가루 약간

</td></tr>
</table>

도구 준비하기

냄비　　볼　　거품기　　주걱　　체　　마들렌틀　　짤주머니

미리 준비하기

• 반죽용 버터는 중탕(또는 전자레인지)으로 녹여 50℃ 정도의 따뜻한 상태로 준비한다.
• 마들렌틀에 붓으로 녹인 버터(분량 외)를 골고루 바르고 밀가루를 뿌려 털어낸다.
• 당근 크럼블 마들렌의 다진 당근은 키친타월로 수분기를 제거한다.

01

레몬 필링 볼에 달걀, 달걀노른자를 넣고 거품기로 멍울을 푼 후 설탕, 레몬즙, 레몬제스트를 넣어 섞는다. 냄비에 옮겨 담고 약한 불에서 골고루 저어가며 점성이 생길 때까지 가열한다.

02

다시 볼에 옮겨 담고 실온 상태가 될 때까지 식힌 다음 버터를 두 번에 나누어 넣어가며 매끄러운 상태가 될 때까지 섞는다. 공기와 접촉하지 않도록 랩을 밀착해 씌우고 냉장 휴지시킨다.

부드러운 과자 — 작은 과자

01

응용 B

크럼블 볼에 버터를 넣고 부드럽게 풀어준 후 나머지 재료를 넣고 핸드믹서로 보슬보슬한 상태가 될 때까지 섞는다.

02

응용 B

위생팩에 담고 반죽을 손으로 조금씩 쥐어 작은 덩어리로 뭉친 다음 냉장실에서 휴지시킨다.

03

마들렌 볼에 달걀을 넣고 거품기로 멍울을 푼다.

04

설탕, 소금, 꿀을 넣고 설탕이 녹을 때까지 섞는다.

05

박력분, 아몬드가루, 베이킹파우더를 체 쳐 넣고 가루가 보이지 않을 때까지 거품기로 천천히 저어가며 섞는다.
★ 공기가 많이 들어가지 않도록 한방향으로 천천히 부드럽게 섞으세요.

05

응용 A

박력분, 아몬드가루, 베이킹파우더, 코코아가루를 체 쳐 넣고 가루가 보이지 않을 때까지 거품기로 저어가며 섞은 다음 녹인 다크 초콜릿을 넣고 가볍게 섞는다. ★ 공기가 많이 들어가지 않도록 한방향으로 천천히 부드럽게 섞으세요.

05

응용 B

박력분, 아몬드가루, 베이킹파우더, 시나몬가루를 체 쳐 넣고 가루가 보이지 않을 때까지 거품기로 저어가며 섞은 다음 다진 당근을 넣고 가볍게 섞는다.
★ 공기가 많이 들어가지 않도록 한방향으로 천천히 부드럽게 섞으세요.

06

따뜻하게 녹인 버터(50℃ 내외)를 넣고
버터가 볼 바닥에 가라앉지 않도록
거품기로 골고루 섞은 다음 냉장실에서
2시간 이상 휴지시킨다. ★ 버터가 너무
뜨거우면 달걀이 익고 베이킹파우더가
미리 반응할 수 있으니 주의해요.

07

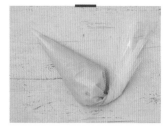

⑥의 볼 바닥에 버터가 남아 있지 않도록
밑에서 위로 뒤집어가며 골고루 섞은 다음
짤주머니에 넣고 짤주머니 끝의 2.5cm
지점을 가위로 자른다. **오븐 예열**

08

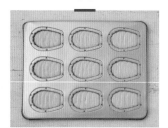

마들렌틀의 80% 높이까지 반죽을 채운다.

08

응용 B

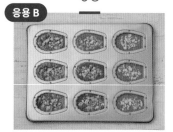

마들렌틀의 80% 높이까지 반죽을 채우고
윗면에 크럼블을 조금씩 골고루 올린다.

09

200℃로 예열한 오븐에 마들렌을 넣고
180℃로 온도를 낮춰 10~12분간 굽는다.
오븐에서 꺼내 틀째 바닥에 2~3회
내려쳐 마들렌을 틀에서 떼어내고
식힘망에 올려 식힌다.

10

윗면이 뚫지 않도록 주의해요.

필링을 짤주머니에 담는다. 마들렌이 완전히
식으면 사과 심지 제거기(또는 원형깍지)로
가운데 깊게 구멍을 내고 필링을 짜 넣는다.
★ 레몬 필링은 먹기 직전에 채우고
채운 후에는 꼭 냉장 보관하세요.

치즈 테린느 + 녹차 테린느

테린(Terrine)은 원래 도자기 그릇에 구운 고기 또는 생선을 차갑게 굳혀 먹는 프랑스 요리를
지칭하는데요, 일본 교토에서 차갑게 굳혀 만든 디저트에 '테린느'란 이름을 붙이면서 유명해지기
시작했어요. 크림치즈와 초콜릿으로 만들어 꾸덕한 치즈케이크와 부드러운 생초콜릿의 매력을
동시에 느낄 수 있는 특별한 디저트랍니다.

가로 9.5×세로 22×높이 6.5cm 파운드틀 1개분 ○ 약 2시간 30분 (식히기 포함, + 숙성 반나절)

에어프라이어 150℃ / 50분 □ 밀폐용기 _냉장 5일, 반죽 냉장 3일

기본 레시피
치즈 테린느

- □ 생크림 200g
- □ 화이트 초콜릿(제과용) 150g
- □ 실온 크림치즈 300g
- □ 설탕 80g
- □ 바닐라빈 씨 1/4개분
- □ 실온 달걀 2개
- □ 옥수수전분 15g

+응용 레시피
녹차 테린느

- □ 생크림 200g
- □ 화이트 초콜릿(제과용) 150g
- □ 실온 크림치즈 300g
- □ 설탕 100g
- □ 바닐라빈 씨 1/4개분
- □ 실온 달걀 2개
- □ 옥수수전분 15g
- □ 녹차가루 15g

도구 준비하기

냄비   볼   거품기   주걱

체   파운드틀

미리 준비하기

• 파운드틀에 유산지를 깐다.

01

냄비에 생크림을 넣고 약한 불로 가열한다.
가장자리가 끓어오르면 불을 끄고 화이트
초콜릿을 넣어 거품기로 저어가며 녹인다.
볼에 옮겨 담고 실온 상태가 될 때까지 식힌다.

02

다른 볼에 크림치즈를 넣고 으깬다는
느낌으로 눌러가며 주걱으로 부드럽게
풀어준다. 설탕, 바닐라빈 씨를 넣고
골고루 섞는다. `오븐 예열`

03

달걀을 1개씩 넣어가며 거품기로
부드러운 크림 상태가 될 때까지 섞는다.
★ 공기가 많이 들어가지 않도록
한방향으로 천천히 부드럽게 섞으세요.

04

③의 볼에 ①을 넣고 골고루 섞는다.

작은 과자 — 구움과자

05

옥수수전분을 체 쳐 넣고 가루가 보이지
않을 때까지 주걱으로 가볍게 섞는다.

응용 05

옥수수전분과 녹차가루를 체 쳐 넣고
가루가 보이지 않을 때까지 주걱으로
가볍게 섞는다.

06

반죽을 체에 거른 후 유산지를 깐 틀에
붓는다. ★ 반죽을 체에 거르면 식감이
부드러워져요.

07

150℃로 예열한 오븐 안에 넣고 오븐팬의
50% 높이까지 뜨거운 물을 채운 다음
50~60분간 굽는다. ★ 낮은 온도에서
중탕으로 천천히 구워야 특유의 부드러운
식감이 만들어져요.

08

오븐을 끄고 뜨거운 물만 꺼내 버린다.
테린느를 넣은 채 오븐 문을 살짝 열고
30분~1시간 정도 잔열로 식힌다.
★ 오븐 안에서 천천히 식혀야
테린느가 주저앉지 않아요.

09

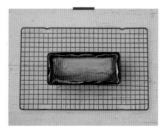

틀째 식힘망에 올려 완전히 식힌다.
틀째 밀봉하고 냉장실에 넣어 반나절 이상
숙성시킨 다음 먹는다. ★ 냉장실에서
충분히 숙성시켜야 매끄러운 질감과
진한 풍미의 테린느가 완성돼요.

피낭시에 + 모카 헤이즐넛 피낭시에 + 고르곤졸라 피낭시에

'금융가'라는 뜻의 피낭시에(Financier)는 금괴 모양이
특징인 프랑스 디저트로 프랑스 사람들은
피낭시에를 선물하며 금전운을 빌어준다고 해요.
버터를 태우듯 끓여 향미를 최대한 끌어내고
달걀흰자로 촉촉하고 쫀득한 식감을 만들어준답니다.
시간이 지날수록 풍미가 깊어져 구운 후
2~3일 뒤가 가장 맛있어요.

기본 레시피
피낭시에

- □ 실온 버터 135g
- □ 실온 달걀흰자 3개
- □ 설탕 100g
- □ 소금 1g
- □ 꿀 20g
- □ 아몬드가루 50g
- □ 중력분 40g

+응용 레시피 A
모카 헤이즐넛 피낭시에

- □ 실온 버터 135g
- □ 실온 달걀흰자 3개
- □ 설탕 100g
- □ 소금 1g
- □ 꿀 20g
- □ 아몬드가루 50g
- □ 중력분 40g
- □ 인스턴트 커피가루 2g
- □ 헤이즐넛 약 20개

+응용 레시피 B
고르곤졸라 피낭시에

- □ 실온 버터 135g
- □ 실온 달걀흰자 3개
- □ 설탕 100g
- □ 소금 1g
- □ 꿀 20g
- □ 아몬드가루 50g
- □ 중력분 40g
- □ 고르곤졸라 치즈 50g
- □ 그라나파다노 치즈 약간(생략 가능)

도구 준비하기

냄비   볼   주걱   거품기   체   피낭시에틀   짤주머니

미리 준비하기

- 피낭시에틀에 붓으로 녹인 버터(분량 외)를 골고루 바른다.
- 헤이즐넛은 2등분한다.

01

냄비에 버터를 넣고 중간 불에서
버터가 녹을 때까지 가열한다.

02

버터가 전체적으로 진한 갈색이 될 때까지
끓인다. ★ 브라운 버터는 색이 진할수록
맛과 풍미가 깊어지니 취향에 맞춰 끓이는
시간을 조절하세요.

03

체에 걸러 볼에 담고 50℃ 정도가
될 때까지 식힌다. ★ 버터 온도가
50℃ 정도가 돼야 반죽에 잘 섞여요.

04

볼에 달걀흰자를 넣고 거품기로
멍울을 푼다. **오븐 예열**

05

설탕, 소금, 꿀을 넣고 골고루 섞는다.

05

응용 A

설탕, 소금, 꿀, 인스턴트 커피가루를 넣고
골고루 섞는다.

06

아몬드가루와 중력분을 체 쳐 넣고
거품기로 가루가 보이지 않을 때까지 섞는다.
★ 중간중간 주걱으로 볼 옆면과 바닥의
반죽을 모아 섞으세요.

07

골고루 섞인 상태예요

③의 브라운 버터를 넣고 볼 바닥에
버터가 남아 있지 않도록 밑에서 위로
뒤집어가며 유분기가 사라질 때까지
골고루 섞는다.

08

반죽을 짤주머니에 넣고 피낭시에틀의
80% 높이까지 채운다.

08
응용 A

반죽을 짤주머니에 넣고 피낭시에틀의
80% 높이까지 채운 후 반으로 자른
헤이즐넛 4개를 골고루 올린다.

08
응용 B

반죽을 짤주머니에 넣고 피낭시에틀의
80% 높이까지 채운 후 고르곤졸라
치즈를 작게 잘라 골고루 올린디.
★ 반죽 위에 올리는 치즈의 양을
취향에 맞춰 가감하세요.

09

180℃로 예열한 오븐에서 12~13분간
굽고 틀에서 꺼내 식힘망에 올려 식힌다.

09
응용 B

180℃로 예열한 오븐에서 12~13분간 굽는다.
틀에서 꺼내 식힘망에 올리고 뜨거울 때
윗면에 그라나파다노 치즈를 그라인더로
갈아 뿌린다.

tip 피낭시에를 더 맛있게!

과정 ⑦까지 반죽한 후 밀봉하여 2시간 이상 냉장 휴지시키면 피낭시에의 식감이 묵직해지고
풍미가 깊어져요. 굽기 전에 볼 바닥에 버터가 남아있지 않도록 골고루 섞은 후 구워주세요.
부드러운 식감을 원한다면 반죽 후 바로 굽는 것이 좋아요. 피낭시에를 구운 후
밀폐용기에 넣어 하루 정도 실온에서 숙성시키면 겉은 촉촉하고 안은 쫀쫀한 식감이 돼요.

부드러운 과자

작은 과자

066

카늘레 +홍차 카늘레

밀랍으로 코팅한 동 틀에 크림처럼 묽은 반죽을
채워 굽는 프랑스 보르도 지방의 전통 구움과자예요.
캐러멜라이즈 된 바삭한 크러스트,
럼과 바닐라 향이 밴 촉촉하고 쫀득한 달걀 반죽이
자아내는 환상적인 밸런스를 맛보고 나면
카늘레와 사랑에 빠지게 된답니다.

기본 레시피
카늘레

- □ 우유 500g
- □ 바닐라빈 씨 1개분
- □ 버터 45g
- □ 달걀 2개
- □ 달걀노른자 3개
- □ 설탕 220g
- □ 소금 1g
- □ 박력분 130g
- □ 럼주 40g
- □ 천연 밀랍(식용) 50g

+응용 레시피
홍차 카늘레

- □ 우유 500g
- □ 홍차가루 4g
- □ 바닐라빈 씨 1/2개분
- □ 버터 45g
- □ 달걀 2개
- □ 달걀노른자 3개
- □ 설탕 220g
- □ 소금 1g
- □ 박력분 130g
- □ 럼주 40g
- □ 천연 밀랍(식용) 50g

도구 준비하기

냄비   볼   거품기   체

카늘레틀   중탕볼

01

냄비에 우유, 바닐라빈 씨, 버터를 넣고
주걱으로 저어가며 약한 불에서
버터가 녹고 가장자리가 살짝 끓어오를
때까지 가열한다. ★ 이때 바닐라빈 껍질을
같이 넣으면 향이 더 진해져요.

응용 ## 01

냄비에 우유, 홍차가루, 바닐라빈 씨,
버터를 넣고 주걱으로 저어가며 약한 불에서
버터가 녹고 가장자리가 살짝 끓어오를
때까지 가열한다.

02

볼에 달걀, 달걀노른자를 넣고 거품기로
멍울을 풀어준 다음 설탕, 소금을 넣어
골고루 섞는다. ★ 이때 설탕이 완전히 녹지
않아도 괜찮아요.

03

가루가 스며들 때까지만 섞으세요

박력분을 체 쳐 넣고 거품기로 가루가
보이지 않을 정도로만 섞는다.

04

③에 ①의 우유를 조금씩 흘려 넣으며
거품기로 가볍게 섞는다.
★ 달걀이 익어 덩어리질 수 있으니 조금씩
넣어가며 빠르게 섞으세요.

05

④를 체에 거르고 럼주를 넣어 섞는다.
밀폐용기에 담아 랩을 씌우고 뚜껑을 덮은 후
냉장실에서 12시간 이상 숙성시킨다.
★ 반죽을 냉장 휴지시키면 불필요한 글루텐이
줄어들고 재료들이 서로 결합하여 안정화돼요.

06

⑤의 반죽을 꺼내 30분간 실온에서
찬기를 뺀다. 중탕볼에 밀랍을 넣는다.
★ 밀랍은 한 번 묻으면 세척이 힘드니
밀랍 전용 중탕볼을 사용하면 좋아요.

07

오븐에 카늘레틀과 밀랍을 넣고 200℃로
예열한다. 밀랍이 액체 상태가 되면 꺼낸다.
★ 틀과 밀랍이 뜨거우니 꼭 두꺼운 목장갑을
끼고 작업해요. 카늘레 틀을 뜨겁게 만들어줘야
밀랍을 얇게 씌울 수 있어요. **오븐 예열**

즐기한 과자 — 작은 과자

08

카늘레틀에 녹인 밀랍을 80% 정도 붓고
바로 다른 틀로 옮겨 부은 다음 뒤집어 놓는다.
다시 카늘레틀에 담긴 밀랍을 다른 틀로
옮겨 붓고 뒤집어 놓길 반복하며 모든 틀을
코팅한다.

09

식힘망에 뒤집어 올려 여분의 밀랍을
제거한다. ★ 밀랍이 두껍게 씌워졌다면
틀을 다시 오븐에 넣고 뜨겁게 달궈
같은 방법으로 코팅해요.

10

⑨의 코팅한 틀에 ⑥의 반죽을 80% 정도
채운다.

11

200℃로 예열한 오븐에서 30분, 180℃도
온도를 낮춰 25분간 굽는다. 뜨거울 때
틀에서 꺼내 식힘망에 올려 식힌다. ★ 뜨거울
때 꺼내야 틀에서 잘 빠져요. 화상의 위험이
있으니 꼭 두꺼운 목장갑을 끼고 꺼내세요.

tip 추천! 동(구리) 카늘레틀

열전도율이 높고 반죽의 온도를 일정하게 유지해주는
동 재질의 카늘레틀을 사용해야 색이 일정할 뿐만 아니라
껍질이 얇고 바삭하며 속은 쫄깃하고 촉촉한 카늘레를 만들 수 있어요.

tip 밀랍 알아보기

밀랍은 꿀벌이 벌집을 만들면서 분비하는 물질로
카늘레 특유의 껍질과 식감을 만드는 데 꼭 필요한 재료예요.
뜨겁게 가열하면 녹고 실온에서는 단단하게 굳는 특징이 있어요.
식용 천연 밀랍을 사용하세요.

딸기 뚱카롱 +오레오 뚱카롱 +인절미 뚱카롱

달콤하고 쫄깃한 디저트의 대표주자인 마카롱은 진화를 거듭하고 있어요.
'뚱뚱한 마카롱'이란 뜻의 뚱카롱은 꼬끄(과자) 사이에 산처럼 높은 필링을 채우고
과일, 과자, 잼, 떡 등으로 맛을 낸 특별한 마카롱이랍니다. 취향에 따라 버터 크림에
수분이 적은 제철 과일, 좋아하는 시판 과자 등을 더해 다양하게 응용해 보세요.

기본 레시피
딸기 뚱카롱

마카롱
- ☐ 실온 달걀흰자 70g
- ☐ 설탕 70g
- ☐ 슈가파우더 85g
- ☐ 아몬드가루 90g
- ☐ 식용 색소 적당량(생략 가능)

파트아봄브 버터 크림(총 양 150g)
- ☐ 물 10g
- ☐ 설탕 30g
- ☐ 달걀노른자 1개
- ☐ 실온 버터 100g
- ☐ 바닐라 익스트랙트 약간

필링
- ☐ 산딸기잼 50g

+ 응용 레시피 A
오레오 뚱카롱

마카롱
- ☐ 실온 달걀흰자 70g
- ☐ 설탕 70g
- ☐ 슈가파우더 85g
- ☐ 아몬드가루 90g
- ☐ 식용 색소 적당량(생략 가능)

오레오 버터 크림
- ☐ 파트아봄브 버터 크림 150g
- ☐ 오레오가루 20g

장식
- ☐ 오레오가루 20g

+ 응용 레시피 B
인절미 뚱카롱

마카롱
- ☐ 실온 달걀흰자 70g
- ☐ 설탕 70g
- ☐ 슈가파우더 85g
- ☐ 아몬드가루 90g
- ☐ 식용 색소 적당량(생략 가능)

인절미 버터 크림
- ☐ 파트아봄브 버터 크림 150g
- ☐ 볶은 콩가루(가당) 15g

장식
- ☐ 현미팝 20g(생략 가능)
- ☐ 볶은 콩가루(가당) 20g

도구 준비하기

볼   핸드믹서   주걱   체   냄비   온도계   짤주머니   원형깍지

미리 준비하기
- 유산지에 일정한 간격으로 지름 4.5cm 원 20개를 그린다.
- 오레오 쿠키의 크림을 제거한 후 믹서에 곱게 갈아 분량대로 오레오가루를 준비한다.
- 짤주머니에 원형깍지를 끼운다

01

마카롱 꼬끄 볼에 달걀흰자를 넣고 핸드믹서의 낮은 단에서 큰 거품이 사라지고 작은 거품이 생길 때까지 휘핑한다.

02

설탕을 3번에 나누어 넣어가며 중간 단에서 날 자국이 선명하고 윤기가 흐르는 머랭이 될 때까지 휘핑한다. 낮은 단에서 30초간 휘핑해 기포를 촘촘하게 정리한다.
★ 설탕이 완전히 녹을 때까지 휘핑하세요.

03

슈가파우더와 아몬드가루를 체 쳐 넣고 가루가 보이지 않을 때까지 주걱으로 자르듯이 섞는다. ★ 중간중간 볼 옆면과 바닥의 반죽을 모아 섞으세요.

04

계단처럼 층층이 쌓여요

원하는 색상의 색소를 넣고 볼의 옆면에
반죽을 펼친다는 느낌으로 섞어 반죽 속의
공기를 뺀다. 반죽을 떨어뜨렸을 때
계단처럼 쌓인 후 서서히 퍼지는 농도가
되면 완성이다.

05

원형깍지를 끼운 짤주머니에 반죽을 넣는다.
오븐팬에 동그라미를 그린 유산지를 깔고
그 위에 실리콘매트(또는 테프론시트)를
깐다. 바닥에서 1cm 정도 떨어진 높이에서
원에 맞춰 동그랗게 짠다.

06

팬을 조심스럽게 들고 오븐팬
밑면을 손바닥으로 가볍게 치면서
기포를 정리한다. ★ 반죽이 퍼지며
매끄러워져요.

07

실온에서 30분~1시간 정도 손으로 만졌을 때
반죽이 묻어나지 않을 때까지 말린다.
★ 계절, 습도, 온도에 따라 다르니 상태를
확인하여 말리는 시간을 조절해요.
반죽을 많이 섞어 묽어진 경우에는 말리는
시간을 늘리세요.

08

파트아봄브 버터 크림 볼에 노른자를 넣고
핸드믹서의 높은 단에서 밝은 노란색이
될 때까지 휘핑한다.

09

바닥이 두꺼운 냄비에 물과 설탕을 넣고
중약 불에서 냄비를 돌려가며 설탕을 녹인다.
가운데 바글바글 끓어오르면 118℃가
될 때까지 가열한 후 불을 끈다.
★ 118℃가 넘지 않도록 주의하세요.

10

⑧의 볼에 ⑨를 조금씩 흘려 넣으며
핸드믹서의 높은 단에서 30℃로
식을 때까지 휘핑한다.

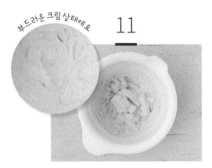

부드러운 크림 상태예요

11

실온 상태의 버터를 2번에 나누어 넣어가며 핸드믹서의 높은 단에서 부드러운 크림 상태가 될 때까지 휘핑한 다음 원형깍지를 끼운 짤주머니에 담는다. **오븐 예열**

응용 A

11

오레오 버터 크림 볼에 파트아봄브 버터 크림 150g과 오레오가루를 넣고 골고루 섞은 후 원형깍지를 끼운 짤주머니에 담는다.

응용 B

11

인절미 버터 크림 볼에 파트아봄브 버터 크림 150g과 볶은 콩가루를 넣고 골고루 섞은 후 원형깍지를 끼운 짤주머니에 담는다.

12

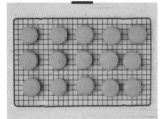

굽기 ⑦을 150℃로 예열된 오븐에서 10~12분간 굽고 실리콘매트째 식힘망에 올려 한김 식힌 다음 실리콘매트에서 떼어내 식힘망에 올려 식힌다.

13

⑫의 마카롱 꼬끄 1/2분량 한쪽 면에 ⑪의 버터 크림을 동그랗게 짠다. 가운데 산딸기잼을 짜 넣고 나머지 마카롱 꼬끄로 샌드한다. ★ 오레오 마카롱과 인절미 마카롱은 산딸기잼을 생략하고 같은 방법으로 샌드해요.

14

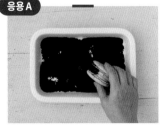

응용 A

트레이에 장식용 오레오가루를 펼쳐 넣고 오레오 마카롱 옆면을 굴려 가며 가루를 묻힌다.

14

응용 B

트레이에 장식용 현미팝을 펼쳐 넣고 인절미 마카롱 옆면을 굴려 가며 붙인 다음 볶은 콩가루를 골고루 묻힌다.

추로스 + 콩가루 추로스

막대 모양의 밀가루 반죽을 기름에 튀긴 스페인 국민 간식이에요. 우리나라에서는 남녀노소
모두가 좋아하는 놀이공원 대표 주전부리로 유명하지요. 갓 튀겨 바삭하고 쫄깃한 추로스에
은은한 시나몬 향의 설탕을 묻혀 내어놓으면 눈 깜짝할 사이에 사라지는 마성의 디저트랍니다.

쫄깃한 과자

작은 과자

기본 레시피
추로스

- □ 버터 40g
- □ 물 130g
- □ 황설탕 15g
- □ 소금 약간
- □ 강력분 40g
- □ 박력분 40g
- □ 찹쌀가루 20g
- □ 달걀 1개
- □ 튀김용 식용유 적당량

장식
- □ 시나몬파우더 2g
- □ 설탕 30g

+응용 레시피
콩가루 추로스

- □ 버터 40g
- □ 물 130g
- □ 황설탕 15g
- □ 소금 약간
- □ 강력분 35g
- □ 박력분 35g
- □ 찹쌀가루 20g
- □ 볶은 콩가루(가당) 15g
- □ 달걀 1개
- □ 튀김용 식용유 적당량

장식
- □ 볶은 콩가루(가당) 15g
- □ 설탕 30g

도구 준비하기

냄비　　주걱　　체　　볼

별모양깍지　　짤주머니　　온도계

미리 준비하기
- 장식용 재료는 위생팩에 넣어 골고루 섞어둔다.
- 짤주머니에 별모양깍지를 끼운다.

01

냄비에 버터, 물, 황설탕, 소금을 넣고
버터가 녹고 가장자리가 살짝 끓어오를
때까지 가열한 후 불을 끈다. 강력분,
박력분, 찹쌀가루를 체 쳐 넣고 한 덩어리가
될 때까지 주걱으로 섞는다.

응용
01

냄비에 버터, 물, 황설탕, 소금을 넣고
버터가 녹고 가장자리가 살짝 끓어오를
때까지 가열한 후 불을 끈다. 강력분, 박력분,
찹쌀가루, 볶은 콩가루를 체 쳐 넣고
한 덩어리가 될 때까지 주걱으로 섞는다.

02

다시 불을 켜고 중약 불로 2분 30초간
냄비 바닥에 얇은 막이 생기고 반죽에
윤기가 날 때까지 주걱으로 골고루
저어가며 익반죽한다.

03

②를 볼에 옮겨 담고 한김 식힌 후
달걀을 넣고 핸드믹서로 달걀이 반죽에 완전히
스며들어 한 덩어리가 될 때까지 섞는다.

04

별모양깍지를 끼운 짤주머니에 반죽을 넣고
실리콘매트(또는 테프론시트)를 깐
오븐팬 위에 15cm 길이로 짠다.

05

온도계를 사용하면 좋아요

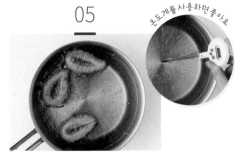

냄비에 식용유를 넣고 190℃가 될 때까지
가열한다. 반죽의 양 끝을 살짝 눌러 붙여서
넣고 3분간 앞뒤로 굴려 가며 노릇하게
튀긴다.

06

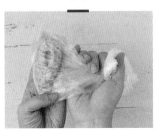

식힘망에 올려 기름기를 뺀 후
장식용 재료를 섞은 위생팩에 넣고
골고루 흔들어 묻힌다.

tip 초코 디핑소스 곁들이기

따뜻하게 데운 생크림 25g에 다크 초콜릿 25g을 넣고
가운데부터 천천히 저어가며 녹여요. 매끄럽게 녹은
초코 디핑소스에 추로스를 찍어 먹으면 별미랍니다.

감자볼 + 고구마볼

진짜 감자, 고구마 같은 리얼한 모양과 맛이 인상적인 디저트예요.
쫄깃한 겉껍질 속에 으깬 감자와 고구마로 만든 담백하고 달콤한 필링이 가득 들어 있어
한 개만 먹어도 속이 든든해져요. 아이들 간식이나 식사 대용으로 안성맞춤이랍니다.

쫄깃한 과자

—

찬 과자

기본 레시피
감자볼

- ☐ 파인소프트T 90g
- ☐ 파인소프트C 20g
- ☐ 파인소프트202 20g
- ☐ 중력분 25g
- ☐ 소금 2g
- ☐ 달걀 1개
- ☐ 물엿 20g
- ☐ 포도씨유 20g
- ☐ 차가운 물 80g
- ☐ 실온 버터 25g

감자 필링
- ☐ 감자 220g
- ☐ 마요네즈 35g
- ☐ 설탕 13g
- ☐ 소금 2g
- ☐ 후춧가루 약간

장식
- ☐ 볶은 콩가루(가당) 15g
- ☐ 검은깨가루 1g

+응용 레시피
고구마볼

- ☐ 파인소프트T 90g
- ☐ 파인소프트C 20g
- ☐ 파인소프트202 20g
- ☐ 중력분 25g
- ☐ 소금 2g
- ☐ 달걀 1개
- ☐ 물엿 20g
- ☐ 포도씨유 20g
- ☐ 차가운 물 80g
- ☐ 실온 버터 25g

고구마 필링
- ☐ 고구마 220g
- ☐ 녹인 버터 30g
- ☐ 설탕 20g
- ☐ 소금 2g
- ☐ 시나몬가루 약간

장식
- ☐ 자색고구마가루 10g
- ☐ 볶은 콩가루(가당) 5g

도구 준비하기

볼　　주걱　　체　　스크래퍼

미리 준비하기

- 유산지를 사방 10cm 크기로 2장 자른다.
- 고구마 필링용 버터는 중탕(또는 전자레인지)으로 녹인다.

tip 추천! 파인소프트

깨찰빵이나 치즈빵처럼 쫄깃한 식감의 디저트를 만들 때 사용하는 변성 전분이에요. 고온에서 구워도 껍질이 딱딱해지거나 터지지 않고 쫄깃하고 부드럽게 유지되도록 도와준답니다. 타피오카 전분으로 대체할 수 있지만, 식감과 외형이 달라질 수 있어요. 감자볼 전용 파인소프트 3종을 구매하면 편리해요.

01

볼에 파인소프트T, 파인소프트C, 파인소프트202, 중력분을 체 쳐 넣은 후 소금, 달걀, 물엿, 포도씨유, 차가운 물을 넣고 주걱으로 골고루 섞는다.

02

랩으로 밀봉해 휴지시켜요

실온 버터를 넣고 주걱으로 접듯이 눌러가며 버터가 완전히 스며들어 매끄러운 상태가 될 때까지 반죽한 다음 마르지 않도록 랩으로 감싸 냉장실에서 1시간 휴지시킨다.

03

감자 필링 감자는 깨끗이 씻어
160℃로 예열한 오븐에서 25분간 굽고
껍질을 벗겨 으깬다. ★ 오븐에서 수분을
날리며 구워야 감자빵이 질어지지 않고
표면이 터지지 않아요.

04

볼에 감자, 마요네즈, 설탕, 소금,
후춧가루를 넣어 골고루 섞고 6등분한 후
동그랗게 빚는다. ★ 취향에 맞춰
간을 조절해도 좋아요.

응용 03

고구마 필링 고구마는 깨끗이 씻어
160℃로 예열한 오븐에서 25분간 굽고
껍질을 벗겨 으깬다. ★ 오븐에서 수분을
날리며 구워야 고구마빵이 질어지지 않고
표면이 터지지 않아요.

응용 04

볼에 고구마, 녹인 버터, 설탕, 소금,
시나몬파우더를 넣어 골고루 섞고
6등분한 후 길쭉하게 고구마 모양으로 빚는다.
★ 취향에 맞춰 간을 조절해도 좋아요.

05

박력분(분량 외)을 뿌린 작업대 위에
②의 반죽을 올리고 스크래퍼로 6등분한 다음
동그랗게 빚는다. ★ 달걀 크기나 반죽법에
따라 양이 조금씩 달라질 수 있어요. 총 무게를
저울로 잰 후 6등분하세요. **오븐 예열**←

06

동글납작하게 눌러요

⑤의 반죽 위아래에 종이 유산지를 덮고
손으로 눌러 동글납작하게 만든다.
④의 감자 필링을 넣어 반죽으로 감싼 후
이음매를 꼭꼭 집어 붙인다. ★ 라텍스 장갑을
끼고 성형하면 편해요.

응용

06

긴 타원형으로 눌러요

⑤의 반죽 위아래에 종이 유산지를 덮고
손으로 눌러 긴 타원형으로 만든다.
④의 고구마 필링을 넣어 반죽으로
감싼 후 이음매를 꼭꼭 집어 붙인다.

07

장식용 재료를 골고루 섞어 트레이에 담고
⑥을 굴려 가며 골고루 묻힌 후
테프론시트(또는 실리콘매트)를 깐 오븐팬
위에 이음매가 밑으로 가도록 올린다.

08

손으로 울퉁불퉁하게 빚고 젓가락으로 찔러
자연스럽게 모양낸다.

09

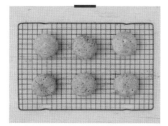

160℃로 예열한 오븐에 15~18분간 굽고
식힘망에 올려 식힌다.

tip 치즈 감자볼 만들기

감자 필링에 기호에 따라 모짜렐라 치즈 또는
파마산 치즈가루를 넣어 치즈 감자볼을 만들어보세요.

캐러멜 + 유자 캐러멜

당 충전이 필요한 순간 한입에 쏙
넣을 수 있는 캐러멜만큼 좋은 디저트도
없을 거예요. 홈메이드 캐러멜은
시판 캐러멜보다 부드러워 입안에서
사르르 녹아내리며 달콤한 잔향을
남긴답니다. 말랑말랑한 캐러멜은
아이들도 좋아하지만 와인이나 위스키
같은 어른들의 술안주로도 제격이에요.

p2

폴깃한 과자

작은 과자

p3

p4

p5

p6

p7

p8

p9

p10

p11

p12

p13

p14

p15

p16

p17

p18

p19

p20

p21

p22

p23

p24

p25

p26

p27

p28

p29

p30

p31

p32

p33

p34

p35

p36

p37

p38

p39

p40

캐러멜 + 유자 캐러멜

당 충전이 필요한 순간 한입에 쏙
넣을 수 있는 캐러멜만큼 좋은 디저트도
없을 거예요. 홈메이드 캐러멜은
시판 캐러멜보다 부드러워 입안에서
사르르 녹아내리며 달콤한 잔향을
남긴답니다. 말랑말랑한 캐러멜은
아이들도 좋아하지만 와인이나 위스키
같은 어른들의 술안주로도 제격이에요.

폴깃한 과자

작은 과자

1.5×7.5cm 약 20개 (15×15cm 사각무스틀 1개분)　　약 2시간 30분 (굳히기 포함)　　밀폐용기 _냉장 1주

기본 레시피	+응용 레시피
## 캐러멜	## 유자 캐러멜

기본 레시피
캐러멜

□ 물 20g
□ 설탕 150g
□ 물엿 40g
□ 따뜻한 생크림 130g
□ 소금 1g
□ 버터 25g

+응용 레시피
유자 캐러멜

□ 물 20g
□ 설탕 150g
□ 물엿 40g
□ 따뜻한 생크림 130g
□ 소금 1g
□ 버터 25g
□ 유자청 40g

도구 준비하기

냄비　주걱　사각무스틀　온도계　칼

미리 준비하기

• 생크림은 중탕(또는 전자레인지)으로 50℃ 정도의
따뜻한 상태로 데운다.
• 무스틀에 붓으로 녹인 버터(분량 외)를 골고루 바른다.

01

평평한 트레이에 유산지를 깔고
안쪽에 녹인 버터(분량 외)를 바른
무스틀을 올린다.

02

바닥이 두꺼운 냄비에 물, 설탕, 물엿을
순서대로 넣고 중약 불에서 젓지 않고
끓인다. ★ 설탕이 뭉쳐 있다면 냄비를
살짝 돌려가며 녹여요.

03

작은 거품이 생겼다가 꺼지고 전체적으로
갈색빛이 돌면 생크림을 조금씩 넣어가며
주걱으로 골고루 섞는다. ★ 생크림을
넣으면 온도차 때문에 순간적으로 캐러멜이
끓어오르니 주의하세요.

04

소금, 버터를 넣고 버터가 녹을 때까지
잘 저어준다.

05

120℃가 될 때까지 끓인 후 불을 끄고
가운데부터 바깥쪽으로 천천히 저어가며
기포를 정리한다. ★ 온도계를 사용하면
좋아요.

응용 05

120℃가 될 때까지 끓인 후 불을 끄고
유자청을 넣어 섞은 후 가운데부터
바깥쪽으로 천천히 저어가며 기포를 정리한다.

06

①의 틀에 붓고 냉장실에서 2시간 이상
굳힌다.

07

뜨거운 물에 담가 달군 칼로 캐러멜을 먹기 좋은
크기로 썬다. 종이 유산지로 감싸 포장한다.
★ 자르면서 캐러멜이 물러졌다면 냉동실에 잠시
넣었다가 포장하세요. 썰어서 바로 유산지에
포장해두면 보관이 쉽고 먹기도 편해요.

---

tip 실패 확률 줄이기

열전도율이 좋은 동 냄비나 바닥이 두꺼운 냄비를 사용하고
바늘형 온도계로 정확한 온도를 측정하면
캐러멜의 온도를 일정하게 유지할 수 있어서 실패 확률이 낮아져요.

작은 과자 — 즐거운 과자

작은 과자를 똑똑하게 보관해요

이 책에 표기된 보관 기간은 제품의 맛이 그대로 유지되어 맛있게 먹을 수 있는 기간이에요.
계절, 온도, 환경에 따라 달라질 수 있어요. 같은 실온 보관이라도 온도와 습도가 높은
여름철에는 미생물의 번식이 빨라 변질되기 쉽고, 건조하고 온도가 낮은 겨울철에는
유통기한이 길어지기도 한답니다. 또한 수분 함량이 적은 바삭한 과자, 보존성을 높여주는
설탕이나 초콜릿이 많이 들어간 과자는 좀 더 오래 섭취가 가능해요.
대부분의 작은 과자는 만든 날 또는 구운 지 하루 이틀 내에 먹는 것이 가장 맛있어요.
만약 다 먹지 못했다면 남은 과자는 이렇게 보관하세요.

하나 바삭한 과자는 식힘망에서 완전히 식힌 후 밀폐용기에 담아 보관해요. 바삭한 과자가
습기를 먹으면 특유의 식감과 풍미가 떨어질 수 있으니 식품용 방습제를 함께 넣어주면 좋아요.

둘 레이즌 버터샌드, 레몬 필링 마들렌, 뚱카롱처럼 크림을 샌드하는 경우 과자는 밀폐용기에
담아 실온 또는 냉동, 크림은 냉장 보관한 후 먹기 직전에 샌드하세요.

셋 마들렌, 피낭시에 같은 부드러운 과자는 쿠키 비닐에 하나씩 낱개 포장한 후 밀폐용기에 넣어
보관법을 참고해 보관해요. 수분이 많은 부드러운 과자를 낱개 포장하면 시간이 지날수록
재료 속 수분이 골고루 퍼지면서 식감과 풍미가 깊어져요.

넷 머랭 쿠키를 제외한 바삭한 과자는 먹을 만큼만 굽고 크림이나 필링을 제외한 나머지 반죽은
랩으로 단단히 감싼 후 지퍼백에 넣어 냉동 보관하세요. 그 후 먹을 때마다 적당한 분량을 예열된
오븐에 넣어 만들면 갓 구운 쿠키의 맛을 즐길 수 있어요.

작은 과자를 선물할 때 준비해요

마음을 전하고 싶을 때 직접 만든 작은 과자처럼 좋은 선물도 없답니다.
아래 세 가지 재료만 있다면 뚝딱 근사하게 포장할 수 있어요.

하나 쿠키 상자 또는 페이퍼 백
베이킹 전용 쿠키 상자는 공간이 효율적으로 디자인되어 다양한 쿠키를 담기에 좋고,
이동 시 안전하게 운반할 수 있어 편리해요. 내부가 코팅된 식품용 페이퍼백을 사용하면
쿠키를 담아도 기름이 배어 나오지 않아 깔끔하답니다.

둘 식품용 포장 비닐
식품이 직접 닿아도 되는 쿠키 비닐에 낱개 포장하면 보관이 쉽고 먹기도 편해요.
다양한 디자인과 크기의 제품이 있으니 용도에 맞춰 선택하세요.
포장하기 쉽고 간편한 접착식 쿠키 비닐을 추천해요.

셋 포장 스티커
포장에 생기를 불어넣어 주는 재료예요. 잘만 고르면 스티커 하나로도 센스 있는 연출이
가능해요. 라벨 스티커에 보관 기간을 적어 붙여주는 것도 좋답니다.

Cake
Poundcake
Tart

—

카페나 베이커리에서 자주 눈에 띄는 트렌디한 **케이크**, 한 조각 먹으면 당충전이 확실히 되는
진하고 묵직한 **파운드케이크**, 남녀노소 모두의 입맛을 사로잡는 고소하고 바삭한 **타르트**까지.
기념일을 빛내주고 평범한 날들의 소소한 행복이 되는 특별한 디저트를 소개합니다.

바스크 치즈케이크

스페인 바스크 지방에서 유래한 케이크로 높은 온도에서 짧은 시간 굽는 것이 특징이에요.
치즈와 설탕이 캐러맬화 되면서 탄 것처럼 진한 초콜릿색의 윗면과 특유의 구수한 풍미가 만들어져요.
꾸덕하고 묵직한 치즈케이크보다 식감이 가볍고 부드러워 마지막 한 조각까지 부담 없이
맛있게 즐길 수 있답니다. 모든 재료는 실온 상태로 준비해야 갈라짐 없이 예쁘게 만들 수 있어요.

디저트 & 파운드케이크 & 타르트

지름 15cm, 높이 7cm 높은 원형틀 1개분   약 1시간 30분 (+ 숙성 1일)   밀폐용기 _냉장 3일, 냉동 2주일

□ 실온 크림치즈 450g
□ 설탕 120g
□ 소금 1g
□ 실온 달걀 2개
□ 옥수수전분(또는 박력분) 15g
□ 실온 생크림 220g
□ 바닐라 익스트랙트 5g

도구 준비하기

볼   주걱   체

거품기   높은 원형틀

미리 준비하기
• 높은 원형틀에 유산지를 깐다.

01

볼에 크림치즈를 넣고 덩어리 없이
부드러운 상태가 될 때까지 주걱으로 푼다.
오븐 예열

02

설탕, 소금을 넣고 주걱으로 골고루
섞는다. ★ 중간중간 볼 옆면과 바닥의
반죽을 모아 섞으세요.

03

매끄러운 크림 상태예요

달걀을 1개씩 넣어가며 거품기로 매끄러운
크림 상태가 될 때까지 골고루 섞는다.
★ 공기가 많이 들어가지 않도록
한방향으로 천천히 부드럽게 섞으세요.

04

옥수수전분을 체 쳐 넣고 거품기로
가루가 스며들어 보이지 않을 때까지 섞는다.

05

생크림과 바닐라 익스트랙트를 넣고
거품기로 섞는다. ★ 실온 상태의 생크림을
넣어야 부드럽게 잘 섞여요.

06

반죽을 체에 거른다.
★ 체에 거르면 입자가 촘촘한 부드러운
식감의 케이크가 돼요.

07

유산지를 깐 원형틀에 ⑥의 반죽을 채운다.
240℃로 예열한 오븐에서 10분, 220℃로
온도를 낮춰 15분간 윗면이 진한 갈색이
될 때까지 굽는다. 오븐 문을 살짝 열고
30분~1시간 정도 천천히 식힌다.

08

틀째 식힘망에 올려 완전히 식힌 다음
위생팩으로 밀봉해 냉장실에서 하룻밤 이상
차갑게 숙성시킨다. ★ 냉장 숙성하면
풍미와 식감이 좋아져요.

tip 바스크 치즈케이크용 유산지 깔기

유산지를 높은 원형틀 보다 크게 2장 잘라 안쪽에 겹쳐
넣어요. 바닥 모서리를 꾹꾹 눌러 깔고 윗면 가장자리를
포개듯 바깥으로 접어주세요. 유산지를 두껍게 깔면
옆면이 타는 걸 방지하고 꺼내기도 쉬워져요.

인절미 크림 쑥 롤케이크

고소한 인절미 크림과 향긋한 쑥 내음이 매력적인 롤케이크예요. 전통 식재료로
만든 디저트는 삼삼하고 건강한 맛으로 할머니 입맛의 디저트 마니아들에게
큰 인기를 끌고 있지요. 한 입 베어 물면 부드럽게 녹아내리지만 콩가루와 쑥의 풍미가
오래오래 입안에 남아 기분을 편안하게 만들어준답니다.

쑥 롤케이크 시트
- □ 달걀노른자 5개
- □ 설탕A 40g
- □ 꿀 15g
- □ 실온 우유 20g
- □ 차가운 달걀흰자 5개
- □ 설탕B 70g
- □ 박력분 75g
- □ 옥수수전분 15g
- □ 쑥가루 10g

인절미 크림
- □ 생크림 400g
- □ 설탕 40g
- □ 볶은 콩가루(가당) 40g

도구 준비하기

볼   주걱   체   핸드믹서

롤케이크팬   스크래퍼   스패출러

미리 준비하기
- 롤케이크팬에 유산지를 깐다.

01

쑥 롤케이크 시트 볼에 달걀노른자를 넣고
핸드믹서의 높은 단에서 멍울을 푼 후
설탕A와 꿀을 넣어 설탕이 완전히 녹아
옅은 노란색 반죽이 될 때까지 휘핑한다.
우유를 넣고 가볍게 섞는다. `오븐 예열`

02

살짝 휘어지는 삼각뿔

다른 볼에 달걀흰자를 넣고 핸드믹서의 중간 단에서
작은 거품이 생길 때까지 휘핑한다. 설탕B를 2번에 나누어
넣어가며 거품기로 들어 올렸을 때 살짝 휘어지는 삼각뿔
모양이 될 때까지 휘핑한다. ★ 천천히 휘핑해야 기공이
조밀하고 식감이 부드러운 머랭을 만들 수 있어요.

03

①에 ②의 머랭을 한 주걱 넣고 주걱으로
가볍게 섞는다. 박력분, 옥수수전분,
쑥가루를 체 쳐 넣고 가루가 보이지
않을 때까지만 가볍게 섞는다.
★ 되직한 반죽에 머랭 한 주걱을 섞으면
가루 재료를 섞기 편해요.

04

나머지 머랭을 2번에 나누어 넣어가며
주걱으로 반죽을 아래에서 위로 뒤집듯이
재빨리 섞는다. ★ 가볍고 빠르게 섞어야
머랭 거품이 꺼지지 않아요.

05

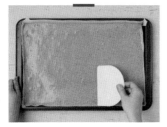

유산지를 깐 롤케이크팬에 ④를 붓고
스크래퍼로 윗면을 평평하게 편 다음
틀째 가볍게 내리쳐 반죽 속의 공기를 뺀다.
★ 반죽 속의 공기를 빼면 입자가 고른
시트가 완성돼요.

06

170℃로 예열한 오븐에서 10~12분간
굽는다. 틀에서 꺼내 옆면 유산지를
떼어내고 식힘망에 올려 식힌다.
★ 잔열이 식으면 롤케이크 시트가 마르지
않도록 윗면에 비닐을 덮으세요.

07

인절미 크림 볼에 생크림, 설탕, 콩가루를
넣고 핸드믹서의 중간 단에서 거품기로
들어 올렸을 때 뾰족한 삼각뿔 모양이
될 때까지 단단하게 휘핑한다.

08

롤케이크 시트 밑의 유산지를 떼어낸다.
작업대에 유산지를 깔고 갈색으로
구워진 면이 위로 가도록 가로로 길게 올린다.

09

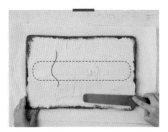

중앙에 ⑦의 크림을 올리고 스패출러로
사진처럼 가운데 부분은 볼록하게,
위와 아래 끝 쪽으로 점점 얇아지게
크림을 펴 바른다.

10

유산지로 감싸며 롤케이크 시트의
양끝 부분이 서로 맞닿도록 동그랗게 말아
냉장실에서 1시간 이상 굳힌다.
★ 롤케이크는 재빨리 말아야 찢어지거나
갈라지지 않아요.

솔티 캐러멜 롤케이크

부드러운 케이크, 달콤 짭조름한 여운을 남기는 캐러멜 크림,
쌉쌀한 풍미의 쫄깃한 글레이즈까지 서로 다른
세 가지 매력이 조화롭게 어우러진 롤케이크예요.
소금을 넣어 캐러멜의 달콤한 맛이 더욱 진하고
풍부하게 느껴진답니다. 미네랄이 풍부하고
입자가 굵은 천일염을 사용하면 더 맛있어요.

🧁 36×25cm 롤케이크팬 1개분　🕐 약 1시간 30분 (굳히기 포함)　🥡 밀폐용기 _냉장 3일

롤케이크 시트
- □ 달걀노른자 5개
- □ 설탕A 40g
- □ 꿀 15g
- □ 우유 20g
- □ 차가운 달걀흰자 5개
- □ 설탕B 70g
- □ 박력분 75g
- □ 옥수수전분 15g

캐러멜 크림
- □ 설탕 50g
- □ 따뜻한 생크림A 50g
- □ 소금 3g
- □ 차가운 생크림B 340g

캐러멜 글레이즈
- □ 설탕 120g
- □ 물엿 15g
- □ 따뜻한 생크림 180g
- □ 소금 2g
- □ 판 젤라틴 3장

도구 준비하기

볼　주걱　체　핸드믹서

롤케이크팬　스크래퍼　스패출러　냄비

미리 준비하기
- 롤케이크팬에 유산지를 깐다.
- 생크림은 중탕(또는 전자레인지)으로 50℃ 정도의 따뜻한 상태로 데운다.

01

롤케이크 시트 볼에 달걀노른자를 넣고 핸드믹서의 높은 단에서 멍울을 푼 후 설탕A와 꿀을 넣어 설탕이 완전히 녹아 옅은 노란색 반죽이 될 때까지 휘핑한다. 우유를 넣고 가볍게 섞는다. 오븐 예열

02

살짝 휘어지는 삼각뿔

다른 볼에 달걀흰자를 넣고 핸드믹서의 중간 단에서 작은 거품이 생길 때까지 휘핑한다. 설탕B를 2번에 나누어 넣어가며 거품기로 들어 올렸을 때 살짝 휘어지는 삼각뿔 모양이 될 때까지 휘핑한다. ★ 천천히 휘핑해야 기공이 조밀하고 식감이 부드러운 머랭을 만들 수 있어요.

03

가루가 보이지 않을 때까지만

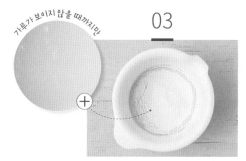

①에 ②의 머랭을 한 주걱 넣고 주걱으로 가볍게 섞는다. 박력분, 옥수수전분을 체 쳐 넣고 가루가 보이지 않을 때까지만 살짝 섞는다. ★ 되직한 반죽에 머랭 한 주걱을 섞으면 가루 재료를 섞기 편해요.

04

나머지 머랭을 2번에 나누어 넣어가며 주걱으로 반죽을 아래에서 위로 뒤집듯이 재빨리 섞는다. ★ 가볍고 빠르게 섞어야 머랭 거품이 꺼지지 않아요.

05

유산지를 깐 롤케이크팬에 반죽을 붓고
스크래퍼로 윗면을 평평하게 편 다음
틀째 가볍게 내리쳐 반죽 속의 공기를 뺀다.
★ 반죽 속의 공기를 빼면 입자가 고른
시트가 완성돼요.

06

170℃로 예열한 오븐에서 10~12분간
굽는다. 틀에서 꺼내 옆면 유산지를
떼어내고 식힘망에 올려 식힌다.
★ 잔열이 식으면 롤케이크 시트가 마르지
않도록 윗면에 비닐을 덮으세요.

07

골고루 캐러멜화 해요

캐러멜 크림 냄비에 설탕을 넣고
중약 불에서 전체적으로 갈색이 될 때까지
캐러멜화한 후 따뜻한 생크림A를 조금씩
넣어가며 주걱으로 골고루 섞는다.
★ 잔열로 인해 설탕이 점점 캐러멜화
되니 재빨리 생크림을 섞으세요.

08

소금을 넣어 녹이고 체에 거른 후
그릇에 옮겨 담아 실온 상태로 식힌다.

09

볼에 차가운 생크림B와 ⑧의 캐러멜을
넣고 핸드믹서의 중간 단에서 뾰족한
삼각뿔 모양이 될 때까지 단단하게 휘핑한다.

10

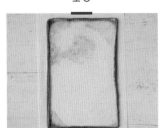

롤케이크 시트 밑의 유산지를 떼어낸다.
작업대에 유산지를 깔고 갈색으로 구워진
면이 아래로 가도록 세로로 길게 올린다.

11

롤케이크 중앙에 ⑨의 크림을 올리고 스패출러로 사진처럼 앞쪽은 볼록하고 바깥쪽으로 갈수록 점점 얇아지게 크림을 펴 바른다.

12

앞에서 바깥쪽으로 김밥을 말 듯 돌돌 말아준 다음 유산지로 감싸 냉장실에서 1시간 이상 굳힌다. ★ 롤케이크는 재빨리 말아야 찢어지거나 갈라지지 않아요.

13

캐러멜 글레이즈 얼음물에 판 젤라틴을 푹 담가 10분간 불린다.

14

냄비에 설탕과 물엿을 넣고 중약 불에서 전체적으로 갈색이 될 때까지 캐러멜화한 후 따뜻한 생크림을 조금씩 넣어가며 주걱으로 골고루 섞는다. ★ 잔열로 인해 설탕이 점점 캐러멜화되니 재빨리 생크림을 섞으세요.

15

소금을 넣어 녹이고 ⑬의 젤라틴 물기를 꼭 짜 넣어 골고루 섞은 다음 체에 걸러 28℃ 정도가 될 때까지 식힌다.

16

롤케이크를 식힘망 위에 올리고 캐러멜 글레이즈를 천천히 부어 옆면까지 전체적으로 고르게 코팅한다.

딸기 프레지에

프랑스어로 '딸기 나무'란 뜻의 프레지에(Fraisier)는 가장자리를 딸기로 장식한 모습이 인상적인 케이크예요. 무스케이크 바닥으로 주로 쓰이는 고소한 아몬드 향의 비스퀴 조콩드(Biscuit joconde), 커스터드 크림과 버터를 섞어 묵직하고 부드러운 무슬린(Mousseline) 크림, 새콤달콤한 딸기의 조화가 일품이지요. 화사한 모양 덕분에 크리스마스 기념 케이크로도 인기가 많답니다.

무슬린 크림
□ 달걀노른자 2개
□ 설탕 55g
□ 옥수수전분 10g
□ 우유 145g
□ 바닐라빈 씨 1/2개분
□ 실온 버터A 25g
□ 실온 버터B 100g

장식
□ 생크림 100g
□ 설탕 10g
□ 딸기 300g
□ 블루베리 적당량
□ 민트 잎 적당량

비스퀴 조콩드
□ 실온 달걀 2개
□ 달걀노른자 1개
□ 슈가파우더 80g
□ 아몬드가루 70g
□ 박력분 30g
□ 차가운 달걀흰자 2개
□ 설탕 35g
□ 녹인 버터 10g

시럽
□ 설탕 30g
□ 물 60g

도구 준비하기

볼   주걱   체   핸드믹서   거품기

롤케이크팬   사각무스틀   무스띠   스크래퍼   스패출러

미리 준비하기
• 냄비에 시럽용 물과 설탕을 넣고 끓인 후 완전히 식힌다.
• 롤케이크팬에 유산지를 깔고 사각무스틀에 무스띠를 두른다.
• 딸기는 꼭지를 제거하고 2등분한다.
• 비스퀴 조콩드용 버터는 중탕(또는 전자레인지)으로 녹인다.

01

무슬린 크림 볼에 달걀노른자와 설탕을 넣고 거품기로 옅은 노란색이 될 때까지 휘핑한다. 옥수수전분을 체 쳐 넣고 골고루 섞는다.
★ 달걀에 설탕을 넣고 그대로 두면 뭉칠 수 있으니 바로 섞으세요.

02

냄비에 우유와 바닐라빈 씨를 넣고 약한 불에서 가장자리가 살짝 끓어오를 때까지 가열한 다음 ①의 볼에 조금씩 흘려 넣으며 거품기로 재빠르게 섞는다. ★ 달걀이 익어 덩어리질 수 있으니 조금씩 넣어가며 빠르게 섞으세요.

03

②를 냄비에 옮겨 담고 중간 불에서 거품기로 저어가며 몽글몽글 점성이 생길 때까지 가열한 후 약한 불로 줄이고 크림이 다시 부드럽게 풀어지며 윤기가 날 때까지 끓인다. 불을 끄고 버터A를 넣어 골고루 섞는다.

04

볼에 옮겨 담고 얼음물 위에 올린다. 거품기로 저어가며 실온 상태가 될 때까지 식힌다.

05

④에 버터B를 2번에 나누어 넣어가며
핸드믹서의 중간 단에서 매끄러운
크림 상태가 될 때까지 섞는다.

06

비스퀴 조콩드 볼에 달걀, 달걀노른자를
넣어 거품기로 멍울을 푼 후 슈가파우더,
아몬드가루, 박력분을 체 쳐 넣고 골고루
섞는다. **오븐 예열** ↙

07

살짝 휘어지는 삼각뿔

다른 볼에 달걀흰자를 넣고 핸드믹서의 중간
단에서 작은 거품이 생길 때까지 휘핑한다.
설탕을 2~3번에 나누어 넣어가며 거품기로
들어 올렸을 때 살짝 휘어지는 삼각뿔 모양이
될 때까지 휘핑한다. ★ 천천히 휘핑해야 기공이
조밀하고 식감이 부드러운 머랭을 만들 수 있어요.

08

⑥의 볼에 ⑦의 머랭을 2번에 나누어
넣어가며 주걱으로 반죽을 아래에서 위로
뒤집듯이 재빨리 섞는다. ★ 가볍고 빠르게
섞어야 머랭 거품이 꺼지지 않아요.

09

따뜻하게 녹인 버터에 ⑧의 반죽을
한 주걱 넣어 섞은 후 다시 ⑧의 볼에 넣고
주걱으로 반죽을 아래에서 위로 뒤집듯이
섞는다.

10

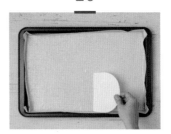

유산지를 깐 롤케이크팬에 반죽을 붓고
스크래퍼로 윗면을 평평하게 편 다음
180℃로 예열한 오븐에서 10~12분간 굽는다.
틀에서 꺼내 옆면 유산지를 떼어내고
식힘망에 올려 식힌다.

11

완성 사각무스틀로 비스퀴 조콩드를 2장
찍어낸다. 트레이 위에 무스띠를 두른
사각무스틀을 올리고 비스퀴 조콩드 1장을
바닥에 깐 다음 붓으로 시럽을 골고루 바른다.

12

틀 옆면에는 딸기를 세워 붙이고
바닥에는 눕혀서 촘촘히 채운다.
이때, 장식용 딸기를 따로 남겨둔다.

13

⑤의 크림을 짤주머니에 넣고
빈 곳이 없도록 딸기 사이사이까지
골고루 짜 넣는다.

14

나머지 비스퀴 조콩드를 윗면이 밑으로
가도록 올리고 평평해지도록 손으로
가볍게 눌러 크림과 밀착시킨다.
윗면에 시럽을 골고루 바른다.

15

볼에 장식용 생크림과 설탕을 넣고
핸드믹서로 뾰족한 삼각뿔 모양이
될 때까지 단단하게 휘핑한다.

16

취향에 맞춰 자연스럽게 올려요

⑭의 윗면에 ⑮의 생크림을 올리고
스패출러로 평평하게 편다. 냉장실에서
3시간 이상 단단하게 굳힌 다음 틀에서 빼고
딸기, 블루베리, 민트 잎으로 장식한다.

흑임자 시폰케이크

고소한 흑임자를 더해 달지 않고
부드러운 시폰케이크를 만들었어요.
버터 대신 식용유를 넣고
달걀노른자와 흰자를 따로 휘핑해
섞어주면 특유의 폭신하고
가벼운 식감이 만들어져요.
수수한 겉모습과는 달리 씹을수록
고소해서 자꾸만 손이 가는
반전 매력의 소유자랍니다.
어른들에게 선물하기 좋은 케이크예요.

□ 달걀노른자 4개
□ 설탕A 40g
□ 꿀 10g
□ 흑임자가루 20g
□ 실온 우유 60g
□ 식용유 30g
□ 차가운 달걀흰자 4개
□ 설탕B 50g
□ 박력분 60g
□ 옥수수전분 20g

도구 준비하기

볼   주걱   체   핸드믹서

시폰틀

미리 준비하기

• 분무기에 물을 담아둔다.

01

볼에 달걀노른자를 넣고 핸드믹서의
높은 단에서 멍울을 푼 다음 설탕A와 꿀을
넣고 설탕이 완전히 녹아 아이보리색 반죽이
될 때까지 휘핑한다. **오븐 예열**

02

흑임자가루를 넣어 섞고 실온 우유와
식용유를 함께 섞어 조금씩 흘려 넣으며
핸드믹서의 높은 단에서 유분기가
사라질 때까지 휘핑한다.

03

살짝 휘어지는 삼각뿔

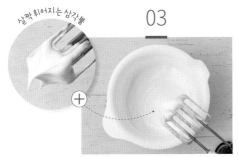

다른 볼에 달걀흰자를 넣고 핸드믹서의
중간 단에서 작은 거품이 생길 때까지
휘핑한다. 설탕B를 2번에 나누어 넣어가며
거품기로 들어 올렸을 때 살짝 휘어지는
삼각뿔 모양이 될 때까지 휘핑한다.

04

②에 ③의 머랭을 한 주걱 넣고 주걱으로
가볍게 섞는다. 박력분, 옥수수전분을 체 쳐
넣고 핸드믹서로 가루가 보이지 않을 때까지만
가볍게 섞는다. ★ 되직한 반죽에 머랭
한 주걱을 섞으면 가루 재료를 섞기 편해요.

05

④에 ③의 머랭을 2번에 나누어 넣어가며 주걱으로 반죽을 아래에서 위로 뒤집듯이 재빨리 섞는다.

06

시폰틀에 물을 뿌리고 반죽을 채운 다음 젓가락으로 휘저어 반죽 속의 기포를 제거한다. ★ 시폰틀에 물을 뿌리면 물이 접착제 역할을 해 반죽이 꺼지지 않고 틀에 잘 붙어 있어요.

07

165℃로 예열한 오븐에서 30~35분간 굽고 틀째 거꾸로 뒤집어 식힘망에 올려 식힌다. ★ 시폰케이크는 틀째 거꾸로 식혀야 케이크가 주저앉지 않아요.

08

손끝으로 케이크의 가장자리와 기둥 옆을 눌러 케이크를 떼어내고 뒤집어서 틀을 분리한 다음 스패츌러로 바닥 면을 긁어 밑 부분을 분리한다.

tip **흑임자 생크림 곁들이기**

볼에 생크림 200g, 설탕 15g, 흑임자가루 20g을 넣고 핸드믹서로 뾰족한 삼각뿔 모양이 될 때까지 단단하게 휘핑하세요. 흑임자 생크림을 곁들이면 좀 더 달고 고소하게 시폰케이크를 즐길 수 있답니다. 흑임자 생크림으로 아이싱해서 선물용으로 만들어도 좋아요.

tip **흑임자가루 고르기**

국산 검은깨를 볶아 바로 곱게 빻은 제품이 향이 진하고 맛있어요. 제품에 따라 풍미가 달라지니 취향에 맞춰 양을 조절하세요. 검은깨를 푸드프로세서로 곱게 갈아 사용해도 좋아요.

데블스푸드 케이크

악마의 유혹처럼 달콤해서 '데블스푸드(Devil's food)'라고 불리는 미국식 초콜릿 케이크예요.
다크 초콜릿과 코코아가루를 넣은 쌉쌀한 풍미의 묵직한 케이크에 꾸덕꾸덕한 초콜릿 크림을 발라
만들지요. 가나슈에 들어가는 다크와 밀크 초콜릿은 취향에 따라 양을 바꿔 단맛을 조절해도 좋답니다.
달달한 디저트를 좋아한다면 꼭 한 번 만들어보세요.

지름 15cm, 높이 4.5cm 원형틀 1개분   약 1시간 20분 (식히기 포함)   밀폐용기 _ 냉장 4일

초콜릿 케이크
□ 생크림 50g
□ 버터 100g
□ 다크 초콜릿(제과용) 60g
□ 설탕 130g
□ 소금 약간
□ 실온 달걀 2개
□ 박력분 60g
□ 베이킹소다 1g
□ 끓인 물 80g
□ 무가당 코코아가루 30g

가나슈
□ 생크림 150g
□ 다크 초콜릿(제과용) 100g
□ 밀크 초콜릿(제과용) 50g
□ 버터 20g
□ 럼주 10g

시럽
□ 설탕 30g
□ 물 60g

도구 준비하기

볼   주걱   체   거품기

냄비   원형틀   돌림판   스패출러

미리 준비하기
• 냄비에 시럽용 물과 설탕을 넣고 끓인 후 완전히 식힌다.
• 끓인 물에 코코아가루를 넣어 섞어둔다.
• 원형틀에 유산지를 깐다.

01

초콜릿 케이크 냄비에 생크림을 넣고 살짝 끓인 후 불을 끈다. 버터, 다크 초콜릿을 넣고 거품기로 작은 원을 그리듯 천천히 저어가며 녹인다. 오븐 예열

02

볼에 옮겨 담고 설탕, 소금을 넣어 거품기로 골고루 섞는다.

03

달걀을 1개씩 넣어가며 거품기로 골고루 섞는다. ★ 공기가 많이 들어가지 않도록 한방향으로 천천히 부드럽게 섞으세요.

04

끓인 물에 섞은 코코아가루를 넣어 섞은 뒤 박력분, 베이킹소다를 체 쳐 넣고 가루가 스며들어 보이지 않을 때까지 거품기로 골고루 섞는다. ★ 중간중간 볼 옆면과 바닥의 반죽을 모아 섞으세요.

05

유산지를 깐 원형틀에 반죽을 채우고
틀째 바닥에 2~3번 내리쳐 반죽 속의
공기를 뺀다.

06

170℃로 예열한 오븐에서 40분간 굽고
틀에서 꺼내 유산지를 벗긴 후 식힘망에
올려 식힌다. ★ 꼬치로 찔렀을 때
반죽이 묻어나지 않으면 완성이에요.

07

가나슈 냄비에 생크림을 넣고 약한 불에서
가장자리가 살짝 끓어오를 때까지 가열한 후
불을 끈다. 다크 초콜릿, 밀크 초콜릿을 넣어
거품기로 작은 원을 그리듯 천천히 저어가며
녹인 후 버터를 넣고 녹인다.

08

볼에 옮겨 담고 럼주를 넣어 섞은 후
37℃ 정도가 될 때까지 식힌다.
★ 가나슈는 서늘한 곳에서 천천히
식히는 것이 좋아요.

09

윗면은 평평하게 썰어내요

완성 ⑥의 초콜릿 케이크 윗면을 평평하게
썰어낸 후 각봉을 대고 가로로 3등분한다.
돌림판 위에 맨 밑 케이크 시트 한 장을
올리고 시럽을 골고루 바른다.

10

정리하면 아이싱하기 편해요.

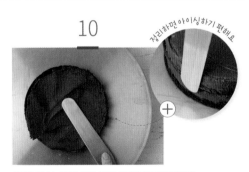

⑧의 가나슈를 한 주걱 올려 스패출러로 평평하게
펴 바른다. 중간 시트를 올리고 시럽을 바른 후
가나슈를 같은 방법으로 펴 바른다. 나머지 시트도
같은 방법으로 만든다. ★ 중간중간 스패출러로
옆면 크림을 반듯하게 정리해요.

11

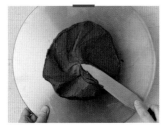

윗면에 가나슈를 두 주걱 올리고
돌림판을 돌려가며 크림을 살짝
누른다는 느낌으로 펴 바른다.

12

스패출러를 수직으로 세우고 돌림판을
돌려가며 옆면에 가나슈를 바른다.
윗면 가장자리는 밖에서 안으로 스치듯 움직여
정리한다. 나머지 가나슈를 옆면과 윗면에
자연스럽게 발라 원하는 모양을 낸다.

버터 크림 케이크

폭신한 스펀지케이크와 입안에서 사르르 녹아내리는 달콤한 크림으로 만든
추억의 버터 크림 케이크가 뉴트로 열풍을 타고 다시금 주목을 받고 있어요.
버터 크림으로 레터링이나 꽃을 만들어 화사하게 꾸미기도 하지만 이 책에서는
허브로 단아하게 장식해 보았답니다. 유지방 함량이 높은 버터를 사용해야
농후한 버터의 풍미를 제대로 즐길 수 있어요.

tip 버터 크림 보관 & 활용하기
남은 버터 크림은 랩에 싸서 밀폐용기에 담아 냉장 1주일, 냉동 3주간
보관이 가능해요. 다시 사용할 때는 실온 상태로 자연 해동한 다음
부드러운 크림 상태가 될 때까지 풀어주세요. 빵에 곁들이거나 마카롱,
다쿠와즈, 바치디다마 등의 필링으로 사용해도 좋아요.

스펀지케이크
- □ 실온 달걀 2개
- □ 꿀 5g
- □ 설탕 60g
- □ 박력분 45g
- □ 옥수수전분 10g
- □ 녹인 버터 10g
- □ 우유 10g

버터 크림
- □ 달걀흰자 2개
- □ 설탕 80g
- □ 소금 1g
- □ 바닐라 익스트랙트 약간(생략 가능)
- □ 실온 버터 300g

시럽
- □ 설탕 30g
- □ 물 60g

장식
- □ 타임 적당량(생략 가능)

도구 준비하기

볼   주걱   체   핸드믹서

원형틀   돌림판   스패출러

미리 준비하기
- 냄비에 시럽용 물과 설탕을 넣고 끓인 후 완전히 식힌다.
- 버터 크림용 버터는 사방 1cm 크기로 썰어 실온 상태로 준비한다.
- 스펀지케이크용 버터는 중탕(또는 전자레인지)으로 녹인다.
- 원형틀에 유산지를 깐다.

01

스펀지케이크 볼에 달걀을 넣고 핸드믹서의 높은 단에서 작고 촘촘한 거품이 생길 때까지 휘핑한다. `오븐 예열`

02

충충이 쌓일 때까지

꿀을 넣고 설탕을 2~3번에 나누어 넣으며 단단하게 휘핑한 다음 낮은 단에서 기포가 일정해지도록 20초간 휘핑한다. ★ 반죽을 들어 올려 떨어트렸을 때 층층이 쌓여 서서히 퍼지는 정도가 적당해요.

03

박력분과 옥수수전분을 체 쳐 넣고 주걱으로 반죽을 아래에서 위로 뒤집듯이 섞는다. ★ 이때 너무 많이 섞거나 시간이 지체되면 거품이 꺼질 수 있으니 주의하세요.

04

따뜻하게 녹인 버터와 우유를 섞고 ③의 반죽을 한 주걱 넣어 섞은 후 다시 ③의 볼에 넣고 주걱으로 반죽을 아래에서 위로 뒤집듯이 섞는다. ★ 볼 바닥에 녹인 버터가 남아 있지 않도록 골고루 섞으세요.

05

유산지를 깐 원형틀에 반죽을 채우고
틀째 바닥에 2~3번 내리쳐 반죽 속의
공기를 뺀다.

06

170℃로 예열한 오븐에서 22~25분간
굽는다. 틀에서 꺼내 유산지를 벗긴 후
식힘망에 올려 식힌다. ★ 꼬치로 찔렀을 때
반죽이 묻어나지 않으면 완성이에요.

07

버터 크림 볼에 달걀흰자를 넣고
거품기로 멍울을 푼 후 설탕, 소금을
넣어 섞는다.

08

뜨거운 물 위에 볼을 올리고 60~65℃
정도의 온도가 될 때까지 거품기로
저어가며 중탕한다. ★ 뜨거운 물로
중탕하여 달걀흰자를 살균해요.

09

뾰족한 뿔 모양을 확인해요

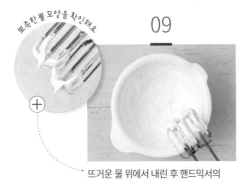

뜨거운 물 위에서 내린 후 핸드믹서의
높은 단에서 뾰족한 삼각뿔 모양이
될 때까지 단단하게 휘핑한다.
★ 단단하게 거품이 올라오면 반죽의
온도가 30℃ 정도로 식어요.

10

버터를 5~6번에 나누어 넣어가며 핸드믹서의
중간 단에서 볼륨이 생기고 아이보리색의
부드러운 크림 상태가 될 때까지 휘핑한다.
★ 버터가 차가우면 덩어리지고 잘 섞이지 않으니
부드러운 실온 상태의 버터를 사용해요.

11

바닐라 익스트랙트를 넣고 더 가벼운 상태의
매끄러운 크림이 되도록 핸드믹서의
낮은 단에서 1~2분 더 휘핑한다.
★ 버터를 오래 휘핑하면 크림 속에 공기가
들어가 식감이 부드럽고 향이 풍부해져요.

12

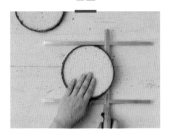

⑥의 스펀지케이크 윗면을 평평하게
썰어낸 후 각봉을 대고 가로로 3등분한다.
돌림판 위에 맨 밑 케이크 시트 한 장을 올리고
시럽을 골고루 바른다.

13

⑪의 버터 크림을 한 주걱 올려 스패출러로
평평하게 펴 바른다. 중간 시트를 올리고
시럽을 바른 후 크림을 같은 방법으로 펴 바른다.
나머지 시트도 같은 방법으로 만든다.
★ 중간중간 스패출러로 옆면 크림을 반듯하게
정리해요

14

윗면에 버터 크림을 두 주걱 올리고
돌림판을 돌려가며 크림을 살짝
누른다는 느낌으로 매끄럽게 펴 바른다.

15

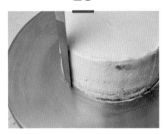

스패출러를 수직으로 세우고 돌림판을
돌려가며 옆면에 버터 크림을 바른다.

16

윗면 가장자리는 밖에서 안으로 스치듯
움직여 매끈하게 정리하고 타임을 올려
장식한다. ★ 취향에 따라 스패출러로
소용돌이무늬를 만들어도 좋아요.

레드벨벳 케이크

여성들의 싱글 라이프를 유쾌하게 그려낸 미국 드라마에
뉴욕 베이커리 '메그놀리아'의 레드벨벳 컵케이크가 등장하면서
우리나라에도 알려지기 시작했어요.
컵케이크부터 원형케이크까지 다양하게 응용되고 있지만
붉은색 반죽에 뽀얀 크림치즈 크림을 올려 장식하는 방법은
일종의 불문율처럼 지켜지고 있답니다.

지름 15cm, 높이 7cm 높은 원형틀 1개분   약 1시간 20분 (식히기 포함)   밀폐용기 _냉장 3일

레드벨벳 케이크
- □ 달걀 2개
- □ 소금 약간
- □ 설탕 145g
- □ 박력분 195g
- □ 무가당 코코아가루 25g
- □ 베이킹소다 5g
- □ 녹인 버터 80g
- □ 붉은 색소 5g
- □ 바닐라 익스트랙트 5g

버터밀크
- □ 실온 우유 165g
- □ 식초 10g

크림치즈 프로스팅
- □ 실온 크림치즈 280g
- □ 설탕 50g
- □ 차가운 생크림 150g
- □ 레몬즙 5g

시럽
- □ 설탕 30g
- □ 물 60g

도구 준비하기

볼　주걱　체　핸드믹서
높은 원형틀　돌림판　스패출러　원형깍지　짤주머니

미리 준비하기
- 냄비에 시럽용 물과 설탕을 넣고 끓인 후 완전히 식힌다.
- 버터밀크용 우유와 식초를 그릇에 넣고 그대로 둔다.
- 레드벨벳 케이크용 버터는 중탕(또는 전자레인지)으로 녹인다.
- 높은 원형틀에 유산지를 깐다.
- 짤주머니에 원형깍지를 넣는다.

01

레드벨벳 케이크 볼에 달걀을 넣고 핸드믹서의 높은 단에서 작은 거품이 생길 때까지 휘핑한다. `오븐 예열`

02

소금과 설탕을 넣고 설탕이 반죽에 스며들 때까지 섞는다.

03

가루 재료 1/2분량을 체 쳐 넣고 골고루 섞은 뒤 미리 섞어둔 버터밀크를 넣고 가볍게 섞는다.

04

나머지 가루 재료 1/2분량을 넣고 섞은 뒤 녹인 버터, 색소, 바닐라 익스트랙트를 넣어 골고루 섞는다. ★ 중간중간 볼 옆면과 바닥의 반죽을 모아 섞으세요.

05

유산지를 깐 원형틀에 반죽을 채우고
틀째 바닥에 2~3번 내리쳐 반죽 속의
공기를 뺀다.

06

170℃로 예열한 오븐에서 40~45분간
굽고 틀에서 꺼내 식힘망에 거꾸로 올려
식힌다. ★ 꼬치로 찔렀을 때 반죽이
묻어나지 않으면 완성이에요.

07

크림치즈 프로스팅 볼에 크림치즈를 넣고
핸드믹서의 낮은 단에서 부드러운 상태가
될 때까지 푼다.

08

설탕과 차가운 생크림을 넣고 핸드믹서의
중간 단에서 단단한 상태가 될 때까지
휘핑한 다음 레몬즙을 넣어 골고루 섞는다.
원형깍지를 끼운 짤주머니에 담는다.

09

완성 ⑥의 케이크 윗면을 평평하게 썰어낸 후
각봉을 대고 가로로 3등분한다.
이때, 썰어둔 윗면 시트는 따로 둔다.

10

돌림판 위에 맨 밑 케이크 시트 한 장을
올리고 시럽을 골고루 바른다.

11

⑧의 크림치즈 프로스팅을 물방울 모양으로
바깥쪽부터 안까지 촘촘히 짠다.

12

중간 시트를 올리고 시럽을 바른 후
똑같은 방법으로 크림치즈 프로스팅을
짠다.

13

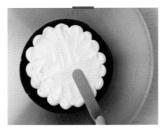

윗면 시트를 올리고 시럽을 바른 후
물방울 모양으로 크림치즈 프로스팅을 짠 후
작은 스패출러로 크림을 안쪽으로 평평하게
긁어 모양낸다. ★ 원하는 모양으로 자연스럽게
발라도 좋아요.

14

⑨에서 썰어낸 케이크 윗면을 굵은 체에
걸러 크럼(부스러기)을 만든 후 윗면에
뿌려 장식한다.

(tip) **버터밀크 알아보기**

버터밀크는 우유에 유산균을 넣고 발효시켜 버터를 만들 때 생기는 액체예요.
가정에서 쉽게 만들 수 있도록 우유에 식초를 섞어 만들었어요.
달콤한 산미와 버터의 고소함이 느껴지는 액체로 레드벨벳 케이크에 넣으면
특유의 붉은색이 더 선명하게 살아나고 풍미도 한결 깊어져요.

(tip) **레드벨벳 컵케이크로 만들기**

유산지(머핀컵)를 깐 머핀틀에 과정 ④의 반죽을 틀의 80% 정도 채우고 170℃로 예열한 오븐에서
20~25분간 구워요. 완전히 식으면 크림치즈 프로스팅으로 윗면을 장식하세요.

빅토리아 파운드케이크

빅토리아 여왕이 즐겨 먹던 케이크로 영국식 애프터눈 티에 자주 등장하는 디저트예요.
수분량이 많은 파운드 반죽을 원형틀에 넣고 구우면 스펀지케이크와 파운드케이크 중간 느낌의
보드랍고 촉촉한 케이크가 완성돼요. 새콤한 잼과 은은한 단맛의 마스카르포네 크림을 샌드해
마지막 조각까지 물리지 않고 맛있게 먹을 수 있답니다.

지름 15cm 원형틀 1개분   약 1시간 20분 (식히기 포함)   밀폐용기 _냉장 3일

□ 실온 버터 130g
□ 설탕 120g
□ 달걀노른자 1개
□ 실온 달걀 2개
□ 옥수수전분 15g
□ 박력분 120g
□ 베이킹파우더 3g
□ 바닐라 익스트랙트 3g
□ 생크림 20g

필링
□ 마스카르포네 30g
□ 설탕 5g
□ 생크림 100g
□ 라즈베리잼 100g

장식
□ 슈가파우더 약간

도구 준비하기

볼   핸드믹서   주걱   체

원형틀   스패출러

미리 준비하기
• 원형틀에 유산지를 깐다.

01

삼각뿔 모양을 확인해요

볼에 버터를 넣고 핸드믹서로 마요네즈처럼
부드러운 상태가 될 때까지 푼다.
★ 핸드믹서가 지나간 자리에 버터가
삼각뿔 모양이 되면 잘 풀어진 거예요.
오븐 예열

02

설탕을 넣고 핸드믹서로 살짝 부푼
아이보리색 반죽이 될 때까지 휘핑한다.

03

달걀노른자와 달걀 1개를 넣고 30초,
체 친 옥수수전분과 나머지 달걀 1개를 넣고
매끄러운 크림 상태가 될 때까지 휘핑한다.
★ 옥수수전분을 넣으면 반죽이 분리되는
것을 막아줘요.

04

박력분, 베이킹파우더를 체 쳐 넣고 가루가
보이지 않을 때까지 주걱으로 자르듯이
섞은 다음 바닐라 익스트랙트와 생크림을
넣고 가볍게 섞는다. ★ 중간중간 볼 옆면과
바닥의 반죽을 모아 섞으세요.

05

유산지를 깐 원형틀에 ④의 반죽을 채우고
170℃로 예열한 오븐에서 25분, 160℃로
온도를 내려 10~15분간 굽는다. 꼬치로
찔렀을 때 반죽이 묻어나지 않으면 완성이다.
★ 윗면 색이 너무 진해지면 중간에
쿠킹포일을 덮으세요.

06

뜨거울 때 틀에서 꺼내 유산지를 벗기고
식힘망에 올려 식힌다.

07

필링 볼에 마스카르포네를 넣어
핸드믹서로 부드럽게 풀고 설탕을 넣어
섞는다. 생크림을 넣고 단단한 크림
상태가 될 때까지 휘핑한다.

08

⑥의 케이크가 완전히 식으면
가로로 2등분한다.

09

잼 위에 크림을 발라요

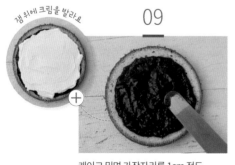
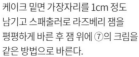

케이크 밑면 가장자리를 1cm 정도
남기고 스패출러로 라즈베리 잼을
평평하게 바른 후 잼 위에 ⑦의 크림을
같은 방법으로 바른다.

10

살며시 누르세요

자른 케이크 윗면을 올리고 잼과 크림이
가장자리까지 퍼지도록 살며시 누른 다음
윗면에 슈가파우더를 뿌려 장식한다.

과일 처트니 구겔호프

처트니(Chutney)는 과일이나 채소를 향신료에 절여
요리나 빵에 곁들여 먹는 인도식 소스예요.
향신료 대신 오렌지주스와 럼주로 풍미를 살려
베이킹에도 잘 어울리는 처트니를 만들었어요.
갓 구워 따뜻할 때 먹어도 맛있고,
하룻밤 숙성시키면 과일의 감칠맛이 진하게 배어들어
더욱 풍부한 맛과 향을 즐길 수 있어요.

윗지름 16cm 구겔호프틀 1개분   약 1시간 (+ 숙성 1일)   밀폐용기 _실온 3일, 냉동 2주

과일 처트니
- □ 건살구 40g
- □ 건무화과 40g
- □ 레몬필 40g
- □ 오렌지필 40g
- □ 건포도 40g
- □ 오렌지주스 35g
- □ 럼주 35g
- □ 녹인 버터 25g

★ 크랜베리, 망고 등
다양한 건과일로 대체 가능.
최소 3가지, 총 200g.

파운드케이크
- □ 실온 버터 100g
- □ 설탕 100g
- □ 달걀노른자 1개
- □ 실온 달걀 1개
- □ 박력분 140g
- □ 베이킹파우더 4g
- □ 우유 30g

장식
- □ 슈가파우디 약간
- □ 장식용 과일 처트니 80g

도구 준비하기

볼   주걱   핸드믹서   체

구겔호프틀

미리 준비하기
- 구겔호프틀에 붓으로 실온 상태의 버터(분량 외)를 골고루 바른다.
- 과일 처트니용 버터는 중탕(또는 전자레인지)으로 녹인다.

01

과일 처트니 건살구, 건무화과는 사방 1cm
크기로 썬다. 밀폐용기에 과일 처트니 재료를
모두 넣고 골고루 섞은 후 서늘한 곳에서
하룻밤 숙성시킨다. ★ 서늘한 곳에서 2일
이상 숙성시키면 풍미가 더 진해져요.

02

상각뿔 모양을 확인해요

파운드케이크 볼에 버터를 넣고
핸드믹서로 마요네즈처럼 부드러운
상태가 될 때까지 푼다. ★ 핸드믹서가
지나간 자리에 버터가 삼각뿔 모양이
되면 잘 풀어진 거예요. **오븐 예열**

03

설탕을 넣고 핸드믹서로 살짝 부푼
아이보리색 반죽이 될 때까지 휘핑한다.
★ 설탕 양이 많아 다 녹지 않고
서걱거리는 느낌이 들지만 괜찮아요.

04

달걀노른자와 달걀을 넣고 볼륨감이
생기고 매끄러운 크림 상태가 될 때까지
휘핑한다. ★ 중간중간 볼 옆면과 바닥의
반죽을 모아 섞으세요.

케이크 & 파운드케이크 & 타르트

05

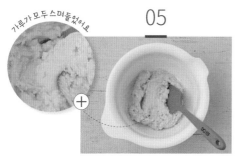

가루가 모두 스며들었어요

박력분, 베이킹파우더를 체 쳐 넣고
가루가 보이지 않을 때까지 주걱으로
자르듯이 섞는다.

06

우유를 넣고 주걱으로 가볍게 섞는다.

07

①의 과일 처트니는 장식용 80g을 따로
덜어두고 나머지 200g을 반죽에 넣어
주걱으로 자르듯이 섞는다.

08

뒤집어서 올려 식혀요

구겔호프틀에 반죽을 고르게 채우고 180℃로
예열한 오븐에서 10분, 170℃로 온도를 낮춰
15~20분간 굽는다. 뜨거울 때 틀에서 꺼내
식힘망 위에 뒤집어서 올려 식힌다. ★ 꼬치로
찔렀을 때 반죽이 묻어나지 않으면 완성이에요.

09

완전히 식으면 구겔호프 윗면에
슈가파우더를 뿌리고 장식용 과일
처트니를 골고루 올린다. ★ 조각으로 잘라
슈가파우더를 뿌리고 과일 처트니를
곁들여 먹어도 좋아요.

tip 과일 처트니 활용 & 보관하기

과일 처트니를 넉넉하게 만들어 고기 요리의 가니시,
크로플이나 팬케이크, 갈레트 토핑으로 활용해보세요.
크래커나 바게트에 올리면 근사한 와인 안주로도
변신한답니다. 과일 처트니는 밀폐용기에 담아
2주간 냉장 보관이 가능해요.

애플타탱 파운드케이크

애플타탱은 버터와 설탕에 조린 사과에 파이 반죽을 덧씌워 굽는 프랑스 전통 사과 파이에요.
타탱(Tatin)이란 이름의 여인이 실수로 뒤집어 구운 파이가 애플타탱의 기원이라고 전해져요.
틀을 뒤집으면 캐러멜화된 황금빛 사과가 멋지게 모습을 드러내는 것이 특징으로, 시간이 지날수록
사과와 캐러멜의 풍미가 반죽에 스며들어 식감이 부드럽고 맛이 짙은 디저트가 완성돼요.

캐러멜
- □ 설탕 40g
- □ 물 15g

사과 캐러멜 조림
- □ 설탕 100g
- □ 물 30g
- □ 사과 1개
- □ 시나몬가루 2g

파운드케이크
- □ 실온 버터 90g
- □ 설탕 80g
- □ 달걀노른자 1개
- □ 실온 달걀 1개
- □ 박력분 120g
- □ 베이킹파우더 2g
- □ 우유 25g

토핑
- □ 사과 1개

도구 준비하기

냄비   볼   주걱   핸드믹서

체   파운드틀

미리 준비하기

- 파운드틀에 붓으로 실온 상태의 버터(분량 외)를 골고루 바른다.
- 사과 캐러멜 조림용 사과를 1cm 두께의 부채꼴 모양으로 썰어 실온 상태로 준비한다.

01

캐러멜 냄비에 캐러멜용 설탕과 물을 넣고 센 불로 가열한다. 설탕이 녹고 작은 거품이 생겼다가 사라지며 가장자리에 노란빛이 돌기 시작하면 중간 불로 줄인다.

02

열이 골고루 전달되도록 중간중간 냄비를 돌려가며 진한 갈색이 될 때까지 캐러멜화한다.

03

버터를 바른 파운드틀 밑면에 ②를 골고루 펼쳐지도록 빠르게 붓고 그대로 1시간 이상 식힌다. ★ 캐러멜이 금방 굳으니 재빨리 틀에 부어요. 틀이 뜨거워지니 조심하세요.

04

사과 캐러멜 조림 냄비에 캐러멜 조림용 설탕과 물을 넣고 센 불로 가열한다. 설탕이 녹고 가장자리에 노란빛이 돌기 시작하면 약한 불로 줄인다.

실온 상태로 준비해요

중간중간 냄비를 돌려가며 옅은 갈색이
될 때까지 캐러멜화한 후 썰어 둔 사과를
넣는다. 골고루 저어가며 12분간 졸인 후
불을 끄고 시나몬가루를 넣어 섞는다.
★ 사과가 차가우면 온도 차 때문에 캐러멜이
될 수 있으니 주의하세요.

⑤를 체에 걸러 여분의 캐러멜 시럽을
걷어내고 트레이에 펼쳐 완전히 식힌다.

토핑용 사과 1개를 3~5mm 두께의
반달 모양으로 썰고 완전히 식은 ②의
위에 조금씩 겹쳐지게 촘촘히 깐다.

삼각뿔 모양을 확인해요

파운드케이크 볼에 버터를 넣고
핸드믹서로 마요네즈처럼 부드러운
상태가 될 때까지 푼다. ★ 핸드믹서가
지나간 자리에 버터가 삼각뿔 모양이
되면 잘 풀어진 거예요. **오븐 예열**

설탕을 넣고 핸드믹서로 살짝 부푼
아이보리색 반죽이 될 때까지 휘핑한다.
★ 설탕 양이 많아 다 녹지 않고
서걱거리는 느낌이 들지만 괜찮아요.

달걀노른자, 달걀을 넣고 볼륨감이
생기고 매끄러운 크림 상태가 될 때까지
휘핑한다. ★ 중간중간 볼 옆면과 바닥의
반죽을 모아 섞으세요.

파운드케이크 & 타르트

케이크 & 타르트

11

박력분, 베이킹파우더를 체 쳐 넣고
가루 재료가 80% 정도 섞일 때까지
주걱으로 자르듯이 섞는다.

12

우유와 ⑥의 사과 캐러멜 조림을 넣고
주걱으로 골고루 섞는다.

13

⑦의 틀에 반죽을 붓고 윗면을 U자 모양으로
정리한 후 170℃ 오븐에서 22~25분간 굽는다.
꼬치로 찔렀을 때 반죽이 묻어나지 않으면
완성이다. ★ 윗면을 U자 모양으로 정리해야
가운데가 봉긋하게 예쁜 모양으로 구워져요.

14

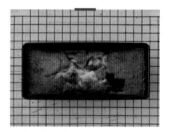

틀째 그대로 식힘망에 올려 식힌다.
파운드틀 밑면을 뜨거운 물에 담가 캐러멜을
녹인 다음 천천히 뒤집어 꺼낸다.
★ 완전히 식힌 다음 밀폐용기나 위생팩에 넣어
하룻밤 냉장 숙성시키면 틀에서 자연스럽게 빠져요.

tip 애플타탱 맛있게 먹기

애플타탱을 슬라이스해 전자레인지에 1분간 데워요.
따뜻한 애플타탱에 차가운 바닐라 아이스크림을 올리고
시나몬가루 약간을 뿌리면 근사한 디저트가 완성돼요.

tip 사과 캐러멜 조림 활용하기

사과 캐러멜 조림을 팬케이크 또는 프렌치토스트에
잼 대신 곁들여 먹거나 페이스트리 반죽 안에 넣고 구워
사과 파이로 만들어도 좋아요.

옥수수 크럼블 파운드케이크

달콤한 옥수수 크림과 짭짤한
버터 옥수수, 중독성 있는 단짠의
매력을 보여주는 파운드케이크예요.
바닥과 토핑까지 1인 2역을 거뜬히
해내는 크럼블로 바삭한 식감을
더했답니다. 옥수수 철이 되면
삶은 찰옥수수 또는 초당옥수수로
만들어보세요. 색다른 풍미와
식감을 느낄 수 있을 거예요.

tip 기본 파운드틀로 만들기
가로 9.5 x 세로 22 x 높이 6.5cm의
기본 파운드틀 1개에 동일한 방법으로 만든 다음
170℃로 예열한 오븐에서 40~45분간 구우세요.

버터 옥수수
- □ 버터 20g
- □ 옥수수캔 170g
- □ 소금 2g

크럼블
- □ 실온 버터 70g
- □ 설탕 70g
- □ 박력분 40g
- □ 아몬드가루 70g
- □ 옥수수가루 30g

옥수수 파운드케이크
- □ 실온 버터 100g
- □ 설탕 90g
- □ 소금 약간
- □ 실온 달걀 2개
- □ 아몬드가루 35g
- □ 박력분 30g
- □ 옥수수가루 25g
- □ 베이킹파우더 2g
- □ 우유 30g

도구 준비하기

프라이팬　　볼　　체　　핸드믹서

주걱　　얇은 파운드틀　　짤주머니

미리 준비하기
- 옥수수캔은 체에 받쳐 물기를 뺀다.
- 얇은 파운드틀에 유산지를 깐다.

01

버터 옥수수 달군 팬에 버터를 넣고 중간 불에서 녹인다. 옥수수를 넣어 5분간 볶은 후 소금을 섞고 트레이에 펼쳐 담아 완전히 식힌다.

02

보슬보슬한 상태로 휴지시켜요

크럼블 볼에 버터를 넣고 핸드믹서로 부드럽게 풀어준 후 나머지 재료를 넣고 보슬보슬한 상태가 될 때까지 섞는다. 위생팩에 넣어 냉장실에서 30분간 휴지시킨다.

03

옥수수 파운드케이크 볼에 버터를 넣고 핸드믹서로 마요네즈처럼 부드러운 상태가 될 때까지 푼다. **오븐 예열**

04

설탕, 소금을 넣고 핸드믹서로 아이보리색이 될 때까지 휘핑한다.
★ 중간중간 볼 옆면과 바닥의 반죽을 모아 섞으세요.

05

달걀을 1개씩 넣어가며 핸드믹서로
부드러운 크림 상태가 될 때까지 휘핑한다.

06

박력분, 옥수수가루, 아몬드가루,
베이킹파우더를 체 쳐 넣고 기루가
80% 정도 섞일 때까지 주걱으로
자르듯이 섞는다.

07

우유와 ①의 버터 옥수수를 넣고
주걱으로 아래에서 위로 뒤집듯이
골고루 섞는다.

08

유산지를 깐 파운드틀 바닥에
②의 크럼블을 1/4분량씩 넣고
손으로 꾹꾹 눌러 편다.

09

1/2분량씩 올려요

짤주머니에 ⑦을 넣고 파운드틀의
70% 높이까지 채운 다음 나머지
크럼블을 반죽 위에 골고루 나눠 올린다.

10

170°C로 예열된 오븐에서 25~30분간
굽는다. 틀째 한김 식힌 뒤 틀에서 꺼내
유산지를 벗기고 식힘망에 올려 식힌다.
★ 따뜻할 때 먹어도 맛있어요.

녹차 초코 큐브 파운드케이크

쌉쌀한 녹차에는 달콤한 초콜릿이 참 잘 어울려요.
두 가지 재료가 만드는 풍미도 일품일 뿐만 아니라
만들 때마다 달라지는 단면 무늬를 보는 재미도 쏠쏠하지요.
큐브틀에 파운드케이크를 구우면 나눠 먹기 편하고
예쁘게 포장해 선물하기에도 좋답니다. 단호박가루나
홍차가루 등으로 다양하게 맛을 변형해 만들어보세요.

가로 5×세로 5×높이 5cm 큐브틀 6개분   약 50분 (식히기 포함)   밀폐용기 _실온 3일, 냉동 2주

□ 실온 버터 100g
□ 설탕 110g
□ 실온 달걀 2개
□ 아몬드가루 30g
□ 박력분 75g
□ 베이킹파우더 2g
□ 생크림 30g
□ 무가당 코코아가루 8g
□ 녹차가루 9g

아이싱(생략 가능)
□ 슈가파우더 60g
□ 생크림 30g

도구 준비하기

 볼   주걱   핸드믹서   체

큐브틀   짤주머니

01

볼에 버터를 넣고 핸드믹서로 마요네즈처럼
부드러운 상태가 될 때까지 푼 다음 설탕을
넣고 핸드믹서로 살짝 부푼 아이보리색
반죽이 될 때까지 휘핑한다. **오븐 예열**

02

매끄러운 크림 상태예요

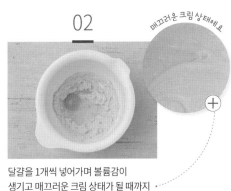

달걀을 1개씩 넣어가며 볼륨감이
생기고 매끄러운 크림 상태가 될 때까지
휘핑한다. ★ 중간중간 볼 옆면과
바닥의 반죽을 모아 섞으세요.

03

아몬드가루, 박력분, 베이킹파우더를
체 쳐 넣고 가루가 보이지 않을 때까지
주걱으로 자르듯이 섞은 후 생크림을 넣고
가볍게 섞는다.

04

반죽을 2개의 볼에 나눠 담는다. 코코아가루,
녹차가루를 각각 체 쳐 넣고 주걱으로 반죽을
아래에서 위로 뒤집어가며 골고루 섞는다.
★ 달걀 크기에 따라 반죽 양이 달라질 수 있어요.
총 무게를 저울로 잰 후 2등분하세요.

05

짤주머니에 각각의 반죽을 담는다.

06

큐브틀의 1/3 높이까지 초콜릿 반죽을
채운다.

07

모서리까지 반죽을 잘 펴요

초콜릿 반죽 위에 녹차 반죽을 틀의
2/3의 높이까지 채우고 꼬치나
젓가락으로 윗면을 고르게 편다.

08

꼬치로 찔러보세요

170℃로 예열한 오븐에서 15~20분간
굽는다. 꼬치로 찔렀을 때 반죽이
묻어나지 않으면 완성이다. 한김 식으면
틀에서 꺼내 식힘망에 올려 식힌다.

09

아이싱 볼에 슈가파우더와 생크림을 넣고
거품기로 골고루 섞은 다음 짤주머니에
넣는다.

10

⑧의 파운드가 완전히 식으면 윗면에
자연스럽게 흘러내리도록 아이싱을 짠다.
★ 짤주머니 대신 티스푼으로 자연스럽게
올려도 좋아요. 아이싱 없이 심플하게
먹어도 맛있어요.

보늬밤 몽블랑 타르트

몽블랑(Mont blanc)은 프랑스어로 '하얀 산'이란 뜻으로 눈 덮인 산을 닮아 이름 붙여졌다고 해요.
고소한 아몬드 크림과 럼 향의 묵직한 밤 크림이 어우러져 진한 풍미를 자아내는 디저트랍니다.
와인이나 홍차에 곁들여 식후 디저트로 즐겨도 좋아요. 아이들에게는 럼주 대신 우유를 넣고
만들어주세요.

지름 8cm 타공 타르트링 6개분　　　약 2시간 30분 (휴지 포함)　　　밀폐용기 _냉장 2일

타르트
□ 실온 버터 65g
□ 슈가파우더 40g
□ 소금 1g
□ 실온 달걀 1/2개분
□ 박력분 130g

아몬드 크림
□ 실온 버터 70g
□ 설탕 60g
□ 실온 달걀 1개
□ 달걀노른자 1개
□ 아몬드가루 70g

밤 크림
□ 밤 페이스트 330g
□ 실온 버터 45g
□ 생크림 80g
□ 럼주 10g

장식
□ 시판 보늬밤 조림 9개
□ 장식용 금가루 약간
　(생략 가능)

도구 준비하기

볼　　핸드믹서　　주걱　　푸드프로세서

밀대　　타공 타르트링　　짤주머니　　스패출러　　장미깍지

미리 준비하기
• 짤주머니에 장미깍지를 끼운다(⑬번 과정에서 사용).

01

타르트 볼에 버터를 넣고 핸드믹서로 부드럽게 푼다. 슈가파우더, 소금을 넣어 섞고 달걀을 넣어 매끄러운 크림 상태가 될 때까지 섞는다. ★ 중간중간 볼 옆면과 바닥의 반죽을 모아 섞으세요.

02

납작해야 밀어 펴기 쉬워요

박력분을 체 쳐 넣고 가루가 보이지 않을 때까지 주걱으로 자르듯이 섞는다. 반죽을 위생팩에 넣고 납작하게 눌러 냉장실에서 1시간 이상 휴지시킨다.

03

아몬드 크림 볼에 버터를 넣고 핸드믹서로 부드럽게 푼다. 설탕을 넣고 녹을 때까지 섞은 후 달걀, 달걀노른자를 넣어 부드러운 크림 상태가 될 때까지 섞는다.

04

바로 밀들기 않을 때는 짤주머니에 넣어 냉장 보관

아몬드가루를 체 쳐 넣고 핸드믹서로 가루가 스며들 때까지 가볍게 섞은 다음 짤주머니에 넣는다.

05

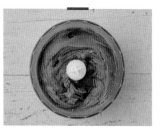

밤 크림 푸드 프로세서에 밤 페이스트,
버터, 생크림을 넣고 부드러운 상태가
될 때까지 섞은 후 럼주를 넣어 섞는다.

06

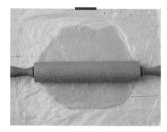

②의 반죽 아래위에 비닐을 깔고
박력분(분량 외)을 뿌려가며
0.3cm 두께가 되도록 밀대로 밀어 편다.
★ 반죽이 물러지면 냉장실에서 10분간
휴지시키세요. 오븐 예열

07

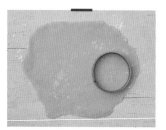

비닐을 떼어내고 반죽의 양면에
박력분(분량 외)을 넉넉히 바른 후
타르트링으로 반죽을 찍어낸다.
타르트링째 반죽을 들어올려 타공팬
위에 올린다.

08

틀 높이에 맞춰 자르세요

나머지 반죽을 뭉쳐 다시 밀어펴고 2×25cm 길이의
직사각형 모양으로 잘라 타르트링 옆면에 둘러준다.
이음매를 약간 겹쳐 살살 눌러 붙이고 위로 튀어나온
여분의 반죽은 칼로 잘라낸다. ★ 타공팬이 없을 때는
밑면에 포크로 구멍을 내세요.

09

80% 높이까지 채워요

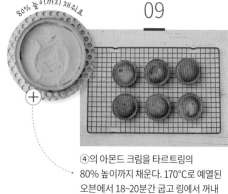

④의 아몬드 크림을 타르트링의
80% 높이까지 채운다. 170℃로 예열된
오븐에서 18~20분간 굽고 링에서 꺼내
식힘망에 올려 완전히 식힌다.

10

짤주머니에 ⑤의 밤 크림 2/3분량을
넣는다. 완전히 식은 ⑨의 타르트 중앙에
밤 크림을 조금 짠 다음 보늬밤 6개를
하나씩 올린다.

11

보늬밤 주위를 둘러가며 원뿔 모양이
되도록 밤 크림을 짠다.

12

작은 스패출러로 표면을 매끄럽게
정리한다.

13

장미깍지를 끼운 짤주머니에 나머지
밤 크림을 넣고 사진처럼 왼쪽 아래에서
오른쪽 위로 비스듬히 짜 모양낸다.

14

나머지 보늬밤 3개를 세로로 2등분해
윗면에 올리고 금가루로 장식한다.

Tip 추천! 타공 타르트링

틀에 작은 구멍이 뚫려 있어 열 순환이 잘 되는 타공 타르트링을 사용하면
식감이 바삭하고 모양이 균일한 타르트를 만들 수 있어요.
바닥에 구멍이 있는 타공매트나 타공팬을 함께 사용하면 더 좋아요.

바나나 커스터드 크림 타르트

고소한 타르트, 달콤한 가나슈, 진한 바닐라 풍미의 커스터드 크림이 완벽한 조화를 이루는
디저트예요. 과정은 조금 복잡하지만 한 번 맛보면 그 매력에 빠지게 된답니다.
바나나 대신 샤인머스캣, 무화과같이 수분이 적은 제철 과일로 만들어도 좋아요.
특별한 날에는 식용 꽃으로 화사하게 장식해 선물해 보세요.

지름 18cm 타르트틀 1개분   약 4시간 (휴지 & 굳히기 포함)   밀폐용기 _냉장 1일

타르트
- □ 실온 버터 65g
- □ 설탕 40g
- □ 소금 1g
- □ 실온 달걀 1/2개 분량
- □ 박력분 130g

커스터드 크림
- □ 달걀노른자 2개분
- □ 설탕 50g
- □ 옥수수전분 15g
- □ 우유 220g

가나슈
- □ 생크림 50g
- □ 다크 초콜릿(제과용) 50g

장식
- □ 생크림 50g
- □ 설탕 5g
- □ 장식용 바나나 1~2개
- □ 식용 꽃 적당량(생략 가능)

도구 준비하기

볼   주걱   체   핸드믹서

냄비   거품기   밀대   타르트틀   스패출러

01

타르트 볼에 버터를 넣고 핸드믹서로 부드럽게 푼다. 설탕, 소금을 넣어 섞고 달걀을 넣어 매끄러운 크림 상태가 될 때까지 섞는다. ★ 중간중간 볼 옆면과 바닥의 반죽을 모아 섞으세요.

02

납작해야 밀어 펴기 쉬워요

박력분을 체 쳐 넣고 가루가 보이지 않을 때까지 주걱으로 자르듯이 섞는다. 반죽을 위생팩에 넣고 납작하게 눌러 냉장실에서 1시간 이상 휴지시킨다.

03

커스터드 크림 볼에 달걀노른자와 설탕을 넣고 거품기로 옅은 노란색이 될 때까지 휘핑한다. 옥수수전분을 체 쳐 넣고 골고루 섞는다. ★ 달걀에 설탕을 넣고 그대로 두면 설탕이 뭉칠 수 있으니 바로 섞으세요.

04

살짝 끓이세요

냄비에 우유를 넣고 약한 불에서 가장자리가 살짝 끓어오를 때까지 가열한 다음 ③의 볼에 조금씩 흘려 넣으며 거품기로 재빨리 섞는다. ★ 달걀이 익어 덩어리질 수 있으니 조금씩 넣어가며 빠르게 섞으세요.

부드럽고 윤기가 나면 완성

05

④를 냄비에 옮겨 담고 약한 불에서 거품기로 저어가며 몽글몽글 점성이 생길 때까지 가열한 다음 크림이 다시 부드럽게 풀어지며 윤기가 날 때까지 끓인다. ★ 냄비 바닥과 가장자리까지 골고루 저어요. 덩어리가 생겼다면 체에 걸러 부드럽게 풀어주세요.

06

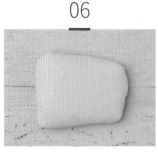

랩을 크게 펼치고 ⑤를 올려 밀착해 씌운 후 냉장실에 넣어 완전히 식힌다. ★ 공기와 접촉하지 않도록 랩을 밀착해 씌우고 바로 식혀야 세균 번식을 방지할 수 있어요.

07

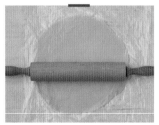

②의 반죽 아래위에 비닐을 깔고 지름 20cm 크기가 되도록 밀대로 밀어 편다. ★ 반죽이 비닐에 달라붙으면 중간중간 박력분(분량 외)을 뿌리세요.

08

윗면의 비닐을 떼어내고 타르트틀을 뒤집어 올린 다음 한 손은 비닐 아래에 넣고 반대 손은 타르트틀 위에 올려 조심히 뒤집는다.

09

반죽을 타르트틀 안쪽에 넣고 비닐을 떼어낸 후 바닥 모서리와 옆면을 손가락으로 살살 눌러 붙인다. 위로 튀어나온 여분의 반죽은 칼로 잘라낸다. ★ 틀 가장자리에 공기가 들어가지 않도록 잘 눌러 붙이세요.

10

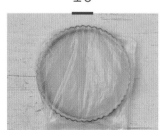

틀째 위생팩에 넣고 냉장실에서 30분간 휴지시킨다. ★ 반죽을 휴지시키면 타르트가 균일한 모양으로 구워져요.

11

약간 되직해질 때까지 식혀요

가나슈 냄비에 생크림을 넣고 약한 불에서 가장자리가 살짝 끓어오를 때까지 가열한다. 불을 끄고 다크 초콜릿을 넣어 가운데부터 주걱으로 저어가며 녹인 후 실온 상태가 될 때까지 식힌다.

12

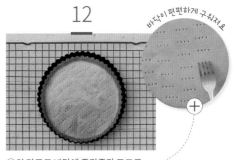

바닥이 편편하게 구워져요

⑩의 타르트 바닥에 중간중간 포크로 구멍을 내고 170℃로 예열한 오븐에서 15~20분간 가장자리가 노릇해질 때까지 굽는다. 틀째 식힘망에 올려 완전히 식힌다.

`오븐 예열`

13

타르트가 완전히 식으면 틀에서 꺼내 트레이에 올리고 ⑪의 가나슈를 채운다.
★ 가나슈가 뜨거우면 타르트가 눅눅해져요. 가나슈가 굳었다면 뜨거운 물로 중탕해 실온 상태로 녹여요.

14

⑥의 커스터드 크림을 볼에 넣고 거품기로 부드럽게 푼다. ⑬에 커스터드 크림을 채우고 스패출러로 윗면을 평평하게 편다. 냉장실에서 2시간 이상 굳힌다.

15

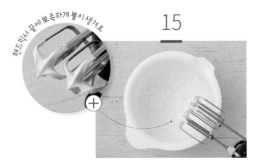

핸드믹서 끝에 뾰족하게 뿔이 생겨요

장식용 바나나는 어슷하게 모양내 썬다. 볼에 장식용 생크림을 넣고 핸드믹서로 **뾰족한** 삼각뿔 모양이 될 때까지 단단하게 휘핑한다.

16

⑭의 위에 ⑮의 생크림을 자연스럽게 올리고 바나나와 식용 꽃으로 장식한다.
★ 바나나가 갈변될 수 있으니 먹기 직전에 올려 장식해요.

포르투갈식 에그타르트

포르투갈식 에그타르트는 페이스트리에 달걀 필링을 채우고 윗면이 그을릴 정도로 고온에서 빠르게 구워 겉은 바삭하고 속은 촉촉한 것이 특징이에요. 이 책에서는 페이스트리의 층이 겹겹이 살아나 식감이 한층 더 바삭해지도록 반죽을 3회 3절 접기를 해서 만들었어요.

tip 남은 에그타르트 맛있게 먹기

에그타르트를 170℃로 예열된 오븐이나 에어프라이어에 넣고 냉장 보관한 것은 6분, 냉동 보관한 것은 10~15분간 데워 따뜻할 때 맛보세요.

지름 5.5×높이 4.5cm 머핀틀 8~9개분   약 3시간 30분 (휴지 포함)   밀폐용기 _냉장 2일, 냉동 2주

페이스트리
- □ 박력분 160g
- □ 차가운 버터 115g
- □ 설탕 5g
- □ 소금 2g
- □ 차가운 물 60g

달걀 필링
- □ 우유 130g
- □ 생크림 180g
- □ 설탕 65g
- □ 달걀노른자 4개
- □ 바닐라빈 씨 1/2개분
- □ 옥수수전분 10g

도구 준비하기

볼   체   스크래퍼   밀대

머핀틀   거품기

미리 준비하기
- 버터는 사방 1cm 크기로 썰고 냉장실에 넣어 차갑게 준비한다.
- 바닐라빈은 길게 반을 갈라 칼등으로 씨를 긁어낸다.

01

페이스트리 볼에 체 친 박력분, 차가운 버터, 설탕, 소금을 넣고 버터가 쌀알 크기가 될 때까지 스크래퍼로 위에서 아래로 눌러가며 자른다. ★ 푸드 프로세서에 재료를 넣고 갈면 편해요.

02

모래알처럼 부슬부슬한 상태예요

반죽이 모래알처럼 부슬부슬한 상태가 되면 차가운 물을 골고루 넣고 볼을 돌려가며 스크래퍼로 자르듯이 섞는다. ★ 버터가 녹지 않도록 재빨리 섞어주세요.

03

납작하면 밀어펴기 쉬워요

가루가 보이지 않을 정도로 섞이면 스크래퍼로 반죽을 모아 한 덩어리로 만든다. 반죽을 위생팩에 넣고 납작하게 눌러 냉장실에서 1시간 (냉동실 30분) 이상 휴지시킨다.

04

③의 반죽 아래위에 비닐을 깔고 박력분 (분량 외)을 뿌려가며 긴 직사각형 모양으로 밀어 편 다음 위에서 1/3, 아래에서 1/3씩 접는다. 위생팩에 넣어 냉동실에서 10분간 휴지시킨다. 이 과정을 2회 반복한다.

05

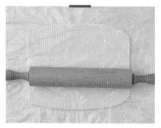

④의 반죽 아래위에 비닐을 깔고
박력분(분량 외)을 뿌려가며
0.3cm 두께가 되도록 밀대로 밀어 편다.
오븐 예열

06

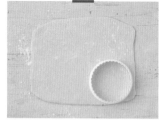

비닐을 떼어내고 박력분(분량 외)을 묻힌
지름 11cm 쿠키 커터로 반죽을 찍어 낸다.
★ 쿠키 커터가 없다면 비슷한 크기의
원형 그릇을 반죽에 올리고 칼로 도려내도
좋아요.

07

⑥을 조심스럽게 머핀틀 안쪽에 넣고
옆면과 바닥 모서리 부분을 손가락으로
살살 눌러 붙인다. 필링을 만드는 동안
비닐을 덮어 냉장 보관한다.

08

달걀 필링 볼에 우유, 생크림, 설탕,
달걀노른자, 바닐라빈 씨를 넣고
거품기로 골고루 섞는다.

09

옥수수전분을 체 쳐 넣고 거품기로
골고루 섞은 후 체에 거른다.
★ 옥수수전분이 덩어리지기 쉬우니
체에 걸러주세요.

10

90% 높이까지 채워요

⑦에 ⑨를 90% 정도 높이까지 채우고
180℃로 예열된 오븐에서 30~35분간
굽는다. 틀째 식힘망에 올려 한김 식힌 후
스패출러를 사용해 틀에서 꺼낸다.

케이크 & 파운드케이크 & 타르트

가지고 있는 틀에 맞춰 반죽량을 계산해요

이 책에는 기본적으로 원형 케이크는 지름 15cm 1호틀, 파운드케이크는 길이 22cm 틀을
사용했어요. 바스크 치즈케이크처럼 반죽량이 많은 케이크는 높이 7cm의 높은 원형틀에 굽기도
했지요. 케이크를 크게 2호틀로 만들고 싶거나 파운드케이크를 작게 구워 선물하고 싶다면
아래 반죽량 공식에 맞춰 계산해 보세요. 단, 크게 만들 때는 굽는 시간을 좀 더 길게,
작게 만들 때는 짧게 상태를 살펴 가며 온도와 시간을 조절하세요.

> **사용하고 싶은 틀의 부피 ÷ 레시피에 표기된 틀의 부피 = 만들어야 할 반죽량**
>
> (소수점 2자리는 반올림)

원형틀 부피 공식 = 반지름 × 반지름 × 3.14 × 높이

원형틀 부피	지름 15cm 1호	지름 18cm 2호	지름 21cm 3호
높이 4.5cm 기본 원형틀	795㎖	1,145㎖	1,558㎖
높이 7cm 높은 원형틀	1,236㎖	1,780㎖	2,423㎖

사각틀 부피 공식 = 가로 × 세로 × 높이

정사각틀 부피	13.5×13.5×4.5cm	15×15×4.5cm	19.5×19.5×4.5cm
	820㎖	1,013㎖	1,711㎖
직사각틀 부피	5.5×13×5cm	5.2×22×6cm	9.5×22×6.5cm
	358㎖	686㎖	1,359㎖

위의 공식을 적용해 1호 원형틀을 2호로 변경해 만들어 볼까요?
1,145(사용하고 싶은 틀 2호 부피) ÷ 795(레시피 분량 1호 부피) = 1.44
전체 레시피를 약 1.5배 정도 늘려 만들면 1호를 2호로 변경할 수 있다는 계산이 나와요.

반대로 2호 원형틀을 1호로 만들 때는
795(사용하고 싶은 틀 1호 부피) ÷ 1,145(레시피 분량 2호 부피) = 0.7
전체 레시피의 70% 분량을 만들면 된다는 걸 알 수 있답니다.

위 계산법을 활용해 레시피 분량을 가지고 있는 또는 사용하고 싶은 틀에 맞춰 변형하세요.
단, 레시피의 양을 줄이거나 늘릴 때 여러 가지 화학적 작용 때문에 완성품의 높이나 상태가
조금씩 다를 수 있다는 점을 참고해 주세요.

Chapter 3
브레드

Bread

힘들게 치대지 않고 수분과 시간의 힘으로 천천히 발효시켜 만드는 무반죽 빵,
베이커리에 들르면 꼭 사게 되는 나만의 원픽 브레드.
밥보다 빵이 좋은 당신을 위한 매일 먹고 싶은 빵부터
1년을 기다려야 맛볼 수 있는 크리스마스 시즌 브레드까지
전 세계에서 사랑받는 다채로운 빵 레시피가 담겨 있어요.

바게트 + 명란 바게트

프랑스 대표 빵인 바게트는 프랑스어로 '지팡이'란 뜻이에요. 그냥 먹어도 맛있지만
깔끔한 맛 덕분에 다른 식재료와 잘 어울려 샌드위치나 토스트 등 식사 대용 빵으로 인기가
많답니다. 무반죽 법으로 만들어 정통 바게트보다는 단면이 촘촘하고 식감이 부드러워요.

기본 레시피
바게트

- ☐ 미지근한 물 270g
- ☐ 소금 6g
- ☐ 설탕 5g
- ☐ 인스턴트 드라이이스트 6g
- ☐ 강력분 350g

+응용 레시피
명란 바게트

- ☐ 기본 바게트 1개

명란 소스
- ☐ 실온 버터 40g
- ☐ 마요네즈 10g
- ☐ 설탕 20g
- ☐ 다진 마늘 30g
- ☐ 다진 쪽파 15g
- ☐ 명란(껍질 제거한 것) 30g

도구 준비하기

볼　　주걱　　체　　거품기

밀대　　스크래퍼　　바게트틀　　쿠프 나이프

01

볼에 미지근한 물(28~30℃), 소금, 설탕, 드라이이스트를 넣고 덩어리지지 않도록 거품기로 섞는다. ★ 완성된 반죽의 온도가 너무 높거나 낮으면 발효가 잘 안돼요. 미지근한 물로 반죽 온도를 맞추세요.

02

강력분을 체 쳐 넣고 주걱으로 가루가 모두 스며들어 찰기가 생길 때까지 섞는다. 한 덩어리로 모은 후 볼에 랩을 씌워 실온에서 20분간 휴지시킨다.

밖에서 안으로 접어요

03

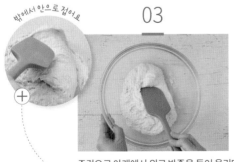

주걱으로 아래에서 위로 반죽을 들어 올리며 바깥쪽에서 안쪽으로 골고루 10번 접어 넣는다.

04

발효가 끝난 상태예요

볼에 랩을 씌우고 냉장실에서 12~13시간 동안 1차 저온 발효한다. ★ 수분량이 많은 반죽이 저온에서 자연 수화(水和)되면서 글루텐이 생성돼요.

153

05

표면이 매끄러워질 때까지

강력분(분량 외)을 뿌린 작업대 위에 ④의
반죽을 올리고 스크래퍼로 2등분한다.
표면이 매끄러워지도록 양손의 날로 반죽
끝을 아래로 살살 밀어 넣어 둥글리기하고
비닐을 덮어 실온에서 15분간 중간 발효한다.
★ 중간 발효하면 성형이 쉬워져요.

06

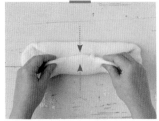

긴 타원형이 되도록 밀대로 밀어 펴고
살짝 겹쳐지도록 반죽을 위에서 아래로
1/3을 접고 아래에서 위로 1/3을 접는다.

07

손바닥 끝을 사용해 반죽을 안쪽으로
감싸듯이 누르면서 32cm 길이의 막대
모양으로 성형한 다음 손으로 살살 밀어 펴
양쪽 끝이 뾰족한 바게트 모양을 만든다.

08

바게트틀에 반죽을 올리고 비닐을 덮어
실온에서 반죽이 두 배로 부풀 때까지
1시간 정도 2차 발효한다.
★ 직사광선이 닿는 곳, 에어컨 밑처럼
건조한 장소는 피하세요.

09

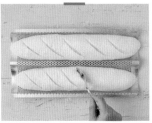

윗면에 강력분(분량 외)을 체 쳐 뿌리고
사선으로 칼집을 넣는다. ★ 굽기 전
오븐 안에 분무기로 물을 2~3회 뿌리면
껍질이 더 바삭해져요. 오븐 예열

10

230℃로 예열한 오븐에 바게트를 넣고 220℃로
온도를 낮춰 25분간 굽는다. 틀째 바닥에 내리쳐
틀에서 분리한 다음 식힘망에 올려 식힌다.
★ 높은 온도로 예열한 후 온도를 낮춰 구워야
겉이 바삭한 바게트가 만들어져요.

빵 무반죽

피 미

11
응용

명란 바게트 볼에 명란 소스 재료를 모두 넣고
골고루 섞는다.

12

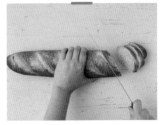

과정 ⑩까지 기본 바게트를 만들고 바게트가
완전히 식으면 12등분으로 슬라이스 한다.

13

바게트 한 쪽 면에 숟가락으로
⑪의 명란 소스를 고르게 펴 바른다.

14

180℃로 예열한 오븐에서 10분간 굽고
식힘망에 올려 식힌다. ★ 따뜻할 때 먹으면
더 맛있어요.

---

tip **매콤 명란 바게트 만들기**

명란 소스에 다진 청양고추 1/2~1개분을 더하면 매콤한 소스를
만들 수 있어요. 남은 바게트를 냉동 보관해 두었다가 실온 해동 후
슬라이스해 매콤한 명란 바게트로 만들어보세요.

tip **추천! 타공 바게트틀**

틀에 작은 구멍이 뚫려 있어 열 순환이 잘 되는 타공 바게트틀을 사용하면
껍질이 바삭하고 모양이 균일한 바게트를 만들 수 있어요.
바게트는 길고 가늘수록 바삭하고, 도톰하면 식감이 쫄깃해진답니다.
취향과 오븐 크기에 맞춰 바게트틀을 선택하세요.
바게트틀이 없다면 두꺼운 광목천에 밀가루를 골고루 바르고
틀 모양처럼 접은 다음 바게트를 넣고 구워도 좋아요.

캄파뉴

프랑스어로 '시골 빵'이란 뜻의 캄파뉴(Campagne)는 이름처럼 소박하고 담백한 맛을 자랑해요.
구수한 풍미의 통밀가루를 넣어 씹을수록 고소하지요. 심플하게 구워 치즈나 햄을 곁들여 먹거나
취향에 따라 견과류, 건과일을 넣어 다양하게 응용할 수 있어요. 재료가 간단하고 만들기도 쉬워
처음 빵을 만드는 베이킹 초보자에게 제일 먼저 추천하는 메뉴예요.

지름 20cm 1개 　　 약 1시간 40분 (+ 1차 냉장 발효 12시간) 　　 밀폐용기 _실온 3일, 냉동 2주

□ 미지근한 물 240g
□ 소금 4g
□ 설탕 15g
□ 인스턴트 드라이이스트 6g
□ 강력분 250g
□ 통밀가루 100g

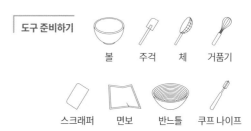

도구 준비하기
볼　　주걱　　체　　거품기
스크래퍼　면보　반느틀　쿠프 나이프

미리 준비하기
• 반느틀에 강력분을 골고루 듬뿍 체 쳐 뿌린다.

01

볼에 미지근한 물(28~30℃), 소금, 설탕,
드라이이스트를 넣고 덩어리지지 않도록
거품기로 섞는다. ★ 완성된 반죽의 온도가
너무 높거나 낮으면 발효가 잘 안돼요.
미지근한 물로 반죽 온도를 맞추세요.

02

강력분과 통밀가루를 체 쳐 넣고
주걱으로 가루가 모두 스며들어
찰기가 생길 때까지 섞는다.

03

반죽을 한 덩어리로 모은 후 볼에 랩을 씌우고
냉장실에서 12~13시간 동안 1차 저온
발효한다. ★ 수분량이 많은 반죽이 저온에서
자연 수화(水和)되면서 글루텐이 생성돼요.

04

강력분(분량 외)을 뿌린 작업대 위에
③의 반죽을 올리고 표면이 매끄러워지도록
양손의 날로 반죽 끝을 아래로 살살 밀어
넣어 둥글리기한다.

05

밑 부분의 이음매를 손가락으로 꼭꼭 집어
붙인다.

06

반느틀에 이음매가 위로 가게 반죽을 넣고
젖은 면보(또는 비닐)를 덮어 따뜻한 곳에서
1시간 동안 2차 발효한다. ★ 틀에 덧가루가 골고루
뿌려져 있어야 틀에서 잘 떨어져요. 직사광선이
닿는 곳, 에어컨 밑처럼 건조한 장소는 피하세요.

07

테프론시트(또는 실리콘매트)를 깐 오븐팬에
틀을 거꾸로 뒤집어 반죽을 올린다.
★ 한 번에 뒤집어야 깔끔하게 떨어져요.
[오븐 예열]

08

윗면에 십자(十) 모양으로 칼집을 넣는다.
★ 쿠프 나이프 또는 날이 얇은 면도날을
사용하면 좋아요.

09

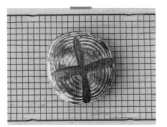

220℃로 예열한 오븐에 캄파뉴를 넣고
200℃로 온도를 낮춰 10분간 구운 후 다시
180℃로 온도를 낮춰 20분간 굽는다. 식힘망에
올려 식힌다. ★ 굽기 전 오븐 안에 분무기로
물을 2~3회 뿌리면 껍질이 더 바삭해져요.

tip **견과류 캄파뉴 만들기**

과정 ②에서 어느 정도 가루 재료가 섞이면
작게 썬 무화과 50g과 호두 50g(또는 좋아하는 견과류)을 넣어
섞고 동일한 방법으로 만들어요.

tip **추천! 반느틀**

빵의 모양을 잡아주는 천연 나무 그릇으로
크기와 모양이 다양해요. 캄파뉴 특유의
표면 결을 만들고 발효가 잘되도록
도와주지요. 반느틀이 없다면 비슷한
크기의 원형 그릇에 면보를 깔고
강력분을 뿌려 사용해도 좋아요.

브레드

미류

생식빵

일본 오사카에서 처음 만들어진 생식빵은 요즘 우리나라 베이커리에서도 큰 인기를 얻고 있어요.
부드럽고 쫄깃한 식감의 비밀은 높은 수분 함량과 꿀이랍니다. 결대로 촘촘하게 찢어지는 속살은
촉촉하고 쫀득할 뿐만 아니라 은은한 단맛이 감돌아 한 번 먹으면 멈출 수가 없을 거예요.

가로 18×세로 13.5×높이 12.5cm 식빵틀 1개분　 약 2시간 20분 (+ 1차 냉장 발효 12시간)　 밀폐용기 _실온 3일, 냉동 2주

□ 미지근한 물 70g
□ 미지근한 우유 80g
□ 미지근한 생크림 80g
□ 설탕 30g
□ 소금 3g
□ 꿀 30g
□ 인스턴트 드라이이스트 5g
□ 녹인 버터 20g
□ 강력분 300g

도구 준비하기

볼　　주걱　　체　　거품기

스크래퍼　식빵틀

미리 준비하기

• 반죽용 버터는 중탕(또는 전자레인지)으로 녹여
28℃ 정도의 미지근한 상태로 준비한다.

01

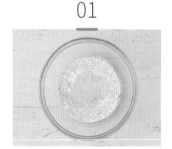

볼에 물, 우유, 생크림, 설탕, 소금, 꿀,
드라이이스트를 넣고 덩어리지지 않도록
거품기로 섞은 후 녹인 버터를 넣어 섞는다.
★ 모든 액체 재료는 미지근한
온도(28~30℃)로 준비해요.

02

강력분을 체 쳐 넣고 주걱으로 가루가
모두 스며들어 찰기가 생길 때까지 섞는다.
한 덩어리로 모은 후 볼에 랩을 씌워
실온에서 20분간 휴지시킨다.

03

밖에서 안으로 접어요

주걱으로 아래에서 위로 반죽을 들어
올리며 바깥쪽에서 안쪽으로 골고루
20~30번 접어 넣는다. ★ 반죽을 접어주면
자연적으로 초기 글루텐이 생겨요.

04

볼에 랩을 씌워 실온에서 20분간
휴지시킨다. 다시 주걱으로 반죽을
아래에서 위로 들어 올리며 바깥쪽에서
안쪽으로 골고루 20번 접어 넣는다.
★ 접는 작업을 반복하면 탄력이 생겨
식감이 쫄깃해져요.

무반죽 빵

비피

05

볼에 랩을 씌우고 냉장실에서 12~13시간
동안 1차 저온 발효한다. ★ 수분량이 많은
반죽이 저온에서 자연 수화(水和)되면서
글루텐이 생성돼요.

06

강력분(분량 외)을 뿌린 작업대 위에 ⑤의 반죽을 올리고
손으로 눌러 가스를 뺀 후 스크래퍼로 3등분한다. 표면이
매끄러워지도록 양손의 날로 반죽 끝을 아래로 살살 밀어
넣어 둥글리기하고 비닐을 덮어 실온에서 10분간 중간
발효한다. ★ 반죽 안의 가스를 잘 빼야 기공이 일정해져요.

07

긴 타원형이 되도록 밀대로 밀어 펴고
살짝 겹쳐지도록 반죽을 위에서 아래로
1/3을 접고 아래에서 위로 1/3을 접는다.

08

꼭 붙여야 터지지 않아요

반죽을 90° 회전하고 원통 모양으로
부드럽게 말아준 후 이음매를 꼭꼭 집어 붙인다.

09

식빵틀에 이음매가 아래로 가게 반죽
3개를 모두 넣고 비닐을 덮어 실온에서
식빵틀의 80% 정도 높이로 부풀어
오를 때까지 40~45분간 2차 발효한다.

오븐 예열 ⤸

10

150℃로 예열한 오븐에서 20분간 굽고
160℃로 온도를 올려 15분간 더 굽는다.
틀에서 꺼내 식힘망에 올려 식힌다.

이탈리안 피자
+ 버섯 크림소스 피자

전날 밤에 모든 재료를 섞어 냉장실에 넣어두면
다음 날 갓 구워 따뜻한 홈메이드 피자를
맛볼 수 있어요. 좋아하는 토핑을 듬뿍 올려
나만의 피자를 만들고 수제 소스의 감칠맛과
쫄깃한 엣지의 고소한 풍미를 마음껏 즐겨보세요.

지름 25cm 2개　　약 1시간 (+ 1차 냉장 발효 12시간)　　밀폐용기 _실온 1일, 냉동 7일

기본 레시피
이탈리안 피자

☐ 미지근한 물 190g
☐ 설탕 6g
☐ 소금 4g
☐ 인스턴트 드라이이스트 1g
☐ 강력분 165g
☐ 박력분 85g

토마토소스
(피자 2개 분량)
☐ 올리브유 약간
☐ 다진 마늘 20g
☐ 다진 양파 60g
☐ 시판 토마토소스 120g
☐ 설탕 20g

토핑
☐ 생모짜렐라 치즈 240g
☐ 바질 잎 15~16장

+응용 레시피
버섯 크림소스 피자

☐ 미지근한 물 190g
☐ 설탕 6g
☐ 소금 4g
☐ 인스턴트 드라이이스트 1g
☐ 강력분 165g
☐ 박력분 85g

버섯 크림소스
(피자 2개 분량)
☐ 올리브유 약간
☐ 다진 마늘 20g
☐ 다진 양파 60g
☐ 양송이버섯 8개
☐ 우유 60g
☐ 생크림 60g
☐ 파마산 치즈가루 10g

토핑
☐ 모짜렐라 치즈 200g
☐ 버섯
　(양송이버섯, 느타리버섯) 4개

도구 준비하기

볼　주걱　체　거품기

프라이팬　스크래퍼　푸드프로세서

미리 준비하기

• 토핑용 생모짜렐라 치즈와 버섯 크림소스용 양송이버섯은 먹기 좋게 슬라이스한다.

01

볼에 미지근한 물(28~30℃), 설탕, 소금, 드라이이스트를 넣고 덩어리지지 않도록 거품기로 섞은 후 강력분, 박력분을 체 쳐 넣고 주걱으로 가루가 모두 스며들어 찰기가 생길 때까지 섞는다.

02

반죽을 한 덩어리로 모으고 볼에 랩을 씌워 냉장실에서 12~13시간 동안 1차 저온 발효한다. ★ 수분량이 많은 반죽이 저온에서 자연 수화(水和)되면서 글루텐이 생성돼요.

03

토마토소스 달군 팬에 올리브유를 두르고 다진 마늘과 양파를 넣어 중간 불에서 양파가 투명해질 때까지 30초~1분간 볶는다.

04

시판 토마토소스와 설탕을 넣고 살짝 되직해질 때까지 졸인 다음 푸드 프로세서로 곱게 간다. 그릇에 옮겨 식힌다.
★ 시판 소스에 따라 염도에 차이가 있으니 간을 보며 설탕 양을 조절해요.

03
응용

버섯 크림소스 달군 팬에 올리브유를 두르고 다진 마늘과 양파, 슬라이스 한 양송이버섯을 넣어 중간 불에서 전체적으로 노릇해질 때까지 30초~1분간 볶는다.

04
응용

우유와 생크림을 넣고 약한 불에서 주걱으로 저어가며 3분간 끓인 후 불을 끄고 파마산 치즈가루를 넣어 섞는다. 그릇에 옮겨 식힌다.

05

강력분(분량 외)을 뿌린 작업대 위에 ②의 반죽을 올리고 스크래퍼로 2등분한다.

06

표면이 매끄러워질 때까지

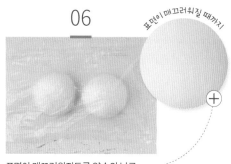

표면이 매끄러워지도록 양손의 날로 반죽 끝을 아래로 살살 밀어 넣어 둥글리기하고 비닐을 덮어 실온에서 15분간 중간 발효한다.
★ 중간 발효하면 성형이 쉬워져요.

07

테프론시트(또는 실리콘매트)를 깐 오븐팬에 반죽을 올리고 지름 25cm 크기가 되도록 손으로 눌러 편다. ★ 종이 유산지는 반죽이 들러 붙으니 테프론시트를 사용하세요. 손에 올리브유를 바르면 반죽이 달라붙지 않아요. 오븐 예열

08

가장자리에서 1cm 정도 안쪽 테두리를 손가락으로 눌러 도톰하게 엣지를 만든다.

09

반죽 위에 숟가락으로 토마토소스를 골고루 바르고 생모짜렐라 치즈, 바질 잎 2~3장을 골고루 올린다.

10

250℃로 예열한 오븐에서 10분간 치즈가 노릇노릇해질 때까지 굽고 오븐에서 꺼내 나머지 바질 잎을 올린다.

09
응용

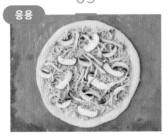

반죽 위에 숟가락으로 버섯 크림소스를 골고루 바르고 모짜렐라 치즈, 버섯을 골고루 올린다.

10
응용

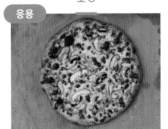

250℃로 예열한 오븐에서 10분간 치즈가 노릇노릇해질 때까지 굽고 오븐에서 꺼내 취향에 맞춰 파마산 치즈가루를 뿌린다.

소금빵

소금빵의 다른 이름은 시오빵으로 '시오'는 일본어로 '소금'이란 뜻이에요.
일본 작은 마을의 한 베이커리에서 탄생했는데요, 짭조름한 소금과 고소한 버터 내음의
절묘한 하모니가 손님들의 호평을 받으며 큰 사랑을 얻기 시작했어요.
반죽에 버터 한 조각을 넣으면 굽는 동안 버터가 녹아내려 겉은 바삭하고 속은 쫄깃한 빵이 만들어져요.

tip 특별한 소금빵 만들기

진한 풍미의 고메 버터를 넣거나 뜨거운 열에도 잘 녹지 않는
펄솔트로 장식하면 더 맛있는 소금빵이 만들어져요.

🧁 길이 13.5cm 8개 　 🕐 약 3시간 30분 (발효 포함) 　 🫙 밀폐용기 _실온 2일, 냉동 2주

□ 박력분 125g
□ 강력분 125g
□ 설탕 20g
□ 소금 5g
□ 인스턴트 드라이이스트 6g
□ 실온 물 100g
□ 실온 우유 70g
□ 실온 버터 20g
□ 장식용 펄솔트 약간
　 (또는 천일염, 생략 가능)

필링
□ 충전용 버터 64g
달걀물
□ 달걀노른자 1개
□ 우유 15g

도구 준비하기

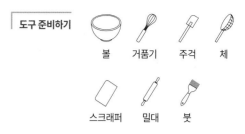

볼 　 거품기 　 주걱 　 체

스크래퍼 　 밀대 　 붓

미리 준비하기
• 달걀물 재료를 골고루 섞는다.
• 충전용 버터를 8g씩 8등분한다.

01

볼에 체 친 박력분, 강력분, 설탕, 소금, 드라이이스트를 넣고 섞는다.

02

볼 가운데 오목하게 홈을 만들고 실온 상태(25~27℃)의 물과 우유를 넣어 주걱으로 가루가 모두 스며들어 찰기가 생길 때까지 섞은 다음 한 덩어리로 모은다.

03

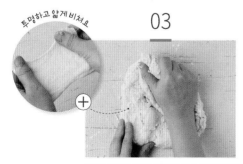

투명하고 얇게 비쳐요

강력분(분량 외)을 뿌린 작업대 위에 반죽을 올리고 가운데 실온 버터를 넣어 손으로 바닥에 짓이기듯이 눌러 펴고 반으로 접기를 반복하며 표면이 매끄러워질 때까지 200회 이상 반죽을 치댄다. ★ 반죽을 늘렸을 때 얇은 막이 보이면 완성이에요. [반죽기로 반죽하는 법 190쪽]

04

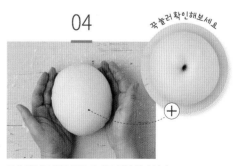

꾹 눌러 확인해보세요

양손의 날로 반죽 끝을 아래로 살살 밀어 넣어 둥글리기하고 볼에 넣어 랩을 씌운 후 실온(25~27℃)에서 2배로 부풀 때까지 50분~1시간 동안 1차 발효한다. ★ 반죽을 손가락으로 눌렀을 때 흔적이 남아야 해요. 반죽이 제자리로 돌아오면 조금 더 발효시켜요.

167

05

강력분(분량 외)을 뿌린 작업대 위에 ④를 올리고 손바닥으로 눌러 가스를 뺀 후 스크래퍼로 8등분한다. ★ 반죽법에 따라 양이 조금씩 달라질 수 있어요. 총 무게를 저울로 잰 후 8등분하세요.

06

손으로 굴려가며 둥글리기하고 비닐을 덮어 실온에서 15분간 중간 발효한다. ★ 중간 발효하면 성형이 쉬워져요.

07

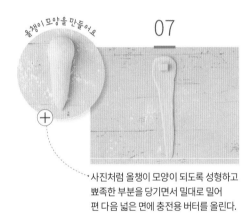

올챙이 모양을 만들어요

사진처럼 올챙이 모양이 되도록 성형하고 뾰족한 부분을 당기면서 밀대로 밀어 편 다음 넓은 면에 충전용 버터를 올린다.

08

버터를 감싸 접어요

넓은 부분을 안쪽으로 접어 버터를 감싸고 뾰족한 쪽을 살짝 당기면서 돌돌 만다. ★ 반죽의 좁은 면을 살짝 당기며 말아 주면 예쁘게 성형할 수 있어요.

09

테프론시트(또는 실리콘매트)를 깐 오븐팬에 이음매가 밑으로 가도록 올린다. 실온(25~27℃)에서 40~50분간 2차 발효한 다음 윗면에 붓으로 달걀물을 바르고 펄솔트를 뿌린다. ★ 직사광선, 에어컨 밑처럼 건조한 장소는 피하세요. 오븐 예열

10

200℃로 예열한 오븐에서 18~20분간 굽고 식힘망에 올려 식힌다. ★ 굽는 중간 틀을 한번 돌려주면 색이 고르게 나와요.

라우겐 브레첼

라우겐(Laugen)은 독일어로
'가성소다에 담그다'란 뜻이에요.
독일 전통빵 브레첼을 가성소다에
데쳐 구우면 특유의 풍미가 더해지면서
겉면이 적갈색으로 코팅돼요.
이 코팅은 빵이 마르지 않도록 도와주는
역할을 해 겉은 단단하지만 속은 부드럽고
쫀득한 식감을 가지게 된답니다.

🧁 길이 18cm 7개　　🕐 약 2시간 30분 (휴지 포함)　　📦 밀폐용기 _ 실온 5일, 냉동 2주

□ 강력분 350g
□ 설탕 6g
□ 소금 3g
□ 인스턴트 드라이이스트 4g
□ 차가운 우유 210g
□ 실온 버터 35g
□ 장식용 펄솔트 약간
　(또는 천일염, 생략 가능)

브레첼 소다물
□ 물 500g
□ 브레첼 소다 100g

도구 준비하기

볼　거품기　주걱　스크래퍼

밀대　냄비　쿠프 나이프

01

볼에 체 친 강력분, 설탕, 소금,
드라이이스트를 넣고 섞는다.

02

찰기가 생겼어요

볼 가운데 오목하게 홈을 만들고
차가운 우유를 넣어 주걱으로 가루가
모두 스며들어 찰기가 생길 때까지
섞은 다음 한 덩어리로 모은다.

03

투명하고 얇게 비쳐요

강력분(분량 외)을 뿌린 작업대 위에 반죽을
올리고 가운데 실온 버터를 넣어 손으로 바닥에
짓이기듯이 눌러 펴고 반으로 접기를 반복하며
표면이 매끄러워질 때까지 200회 이상 반죽을
치댄다. ★ 반죽을 늘렸을 때 얇은 막이 보이면
완성이에요. [반죽기로 반죽하는 법 190쪽]

04

③의 반죽을 살살 둥글려 위생팩에 넣고
납작하게 눌러 냉장실에서 30분간
1차 휴지시킨다. ★ 라우겐 브레첼은 밀도 있는
식감을 만들기 위해 발효를 최대한 억제하는
것이 좋아요. 그래서 짧게 1차 냉장 휴지해요.

171

05

강력분(분량 외)을 뿌린 작업대 위에
반죽을 올리고 스크래퍼로 7등분한다.
★ 달걀 크기나 반죽법에 따라 양이
조금씩 달라질 수 있어요. 총 무게를
저울로 잰 후 7등분하세요.

06

양손이 날로 반죽 끝을 아래로 살살
밀어 넣어 둥글리기하고 트레이에 올려
비닐을 덮어 냉장실에서 15분간 중간
휴지시킨다. ★ 반죽이 최대한 차갑고
단단하게 유지되도록 냉장 휴지해요.

07

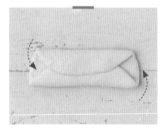

강력분(분량 외)을 뿌린 작업대 위에 반죽을
올려 긴 타원형이 되도록 밀어 펴고 살짝
겹쳐지도록 반죽을 아래에서 위로 1/3을 접고
위에서 아래로 1/3을 접는다.

08

꼭꼭 집어 붙여요

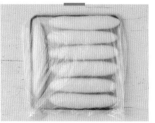

긴 럭비공 모양처럼 양 끝이 좁아지도록 가운데를
모아 꼭꼭 집어 붙이고 손으로 반죽의 가운데에서
가장자리 방향으로 살살 늘린다. ★ 최대한 단단하게
집어 붙여야 구울 때 반죽이 터지지 않아요.

09

트레이에 올려 비닐을 덮고
냉동실에서 30분간 2차 휴지시킨다.
★ 반죽을 차갑게 냉동 휴지시켜야
브레첼 소다물에 데치는 동안 빵이
부풀지 않고 식감도 부드러워요.

10

넓은 냄비에 물과 브레첼 소다를 넣고
약한 불에서 주걱으로 저어가며
갈색이 될 때까지 끓인다.
★ 끓이면서 가스가 발생될 수 있으니
작업 후 꼭 환기를 시키세요.

11

⑩에 ⑨의 반죽을 넣고 살살 굴려가며
20~30초간 데친다. ★ 손에 브레첼 소다물이
닿으면 피부가 상할 수 있으니 주의하세요.

12

테프론시트(또는 실리콘매트)를 깐 오븐팬
위에 반죽을 올리고 그대로 냉장실에서
10분간 휴지시켜 표면의 수분기를 말린다.
★ 표면을 살짝 말리면 칼집을 넣기 쉬워져요.

13

윗면에 사선으로 칼집을 깊게 넣고
펄솔트를 골고루 뿌린다.
★ 쿠프 나이프 또는 날이 얇은 면도날을
사용하면 좋아요. 취향에 따라 펄솔트의
양을 가감하세요. 오븐 예열

14

170℃로 예열한 오븐에서 12~15분간
굽고 식힘망에 올려 식힌다.

---

tip **앙버터 브레첼 만들기**

라우겐 브레첼이 완전히 식으면 세로로 길게 반을 가르고
취향에 따라 무염 버터, 팥앙금을 샌드하세요.

tip **추천! 브레첼(프레즐) 소다**

라우겐은 약간의 가성소다를 첨가한 알칼리성 용액에 담가
특유의 색과 풍미를 만드는데요, 이 작업을 좀 더 쉽고
안전하게 할 수 있도록 베이킹소다에 산도 조절제를 첨가해
만든 브레첼 소다를 사용하면 편리해요.

크루아상 + 크로플

크루아상(Coissant)은 프랑스어로 '초승달'을 의미해요.
버터를 넣어 접은 페이스트리 반죽을 초승달 형태로
굽는 것이 특징이지요. 만드는 과정은 길고 복잡하지만
한입 깨물었을 때 바사삭 부서진 뒤 입안에서
부드럽게 사라지는 고소한 버터의 풍미를 맛보고 나면
그동안의 노고가 눈 녹듯이 사라진답니다.

기본 레시피
크루아상

- ☐ 충전용 버터 150g
- ☐ 강력분 300g
- ☐ 소금 6g
- ☐ 설탕 40g
- ☐ 인스턴트 드라이이스트 7g
- ☐ 실온 물 160g
- ☐ 실온 버터 35g

달걀물
- ☐ 달걀노른자 1개
- ☐ 우유 15g

+응용 레시피
크로플

- ☐ 크루아상(굽지 않은 반죽) 1개

선택1_바닐라 토핑(1개 분량)
- ☐ 바닐라 아이스크림 2스쿱
- ☐ 브라운 치즈 적당량
- ☐ 메이플 시럽 적당량

선택2_티라미수 토핑(1개 분량)
- ☐ 마스카르포네 치즈 30g
- ☐ 생크림 60g
- ☐ 설탕 20g
- ☐ 무가당 코코아가루 적당량

도구 준비하기

볼   주걱   체   핸드믹서

스크래퍼   밀대   자   칼   붓

미리 준비하기
- 달걀물 재료를 골고루 섞는다.

01

지퍼백에 1cm 두께로 슬라이스 한
충전용 버터 150g을 넣고 16×16cm 크기가
되도록 밀대로 납작하게 눌러 편다.
냉장실에서 단단하게 굳힌다.

02

볼에 체 친 강력분, 소금, 설탕,
드라이이스트를 넣고 섞는다. 볼 가운데
오목하게 홈을 만들고 실온의 물을 넣어
주걱으로 가루가 모두 스며들어 찰기가
생길 때까지 섞은 다음 한 덩어리로 모은다.

03

강력분(분량 외)을 뿌린 작업대 위에 반죽을
올리고 가운데 실온 버터 35g을 넣어 손으로
바닥에 짓이기듯이 눌러 펴고 반으로 접기를
반복하며 80% 정도까지 반죽을 치댄다.
★ 반죽에 글루텐이 많으면 밀어 펼 때 버터가
깨질 수 있어요. [반죽기로 반죽하는 법 190쪽]

04

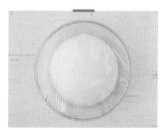

양손의 날로 반죽 끝을 아래로 살살
밀어 넣어 둥글리기하고 볼에 넣어 랩을
씌운 후 실온(25~27℃)에서 1.5배로
부풀 때까지 50분 동안 1차 발효한다.

05

반죽을 위생팩에 넣고 버터와 비슷한
크기로 납작하게 눌러 냉동실에서
30분간 휴지시킨다.

06

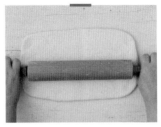

①의 충전용 버터를 꺼내 실온에서 10분간
찬기를 뺀다. 강력분(분량 외)을 뿌린
작업대 위에 ⑤의 반죽을 올리고 32×16cm
크기의 직사각형 모양으로 밀어 편다.

07

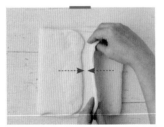

가운데 충전용 버터를 올리고 사진처럼
반죽의 양쪽을 안으로 접어 버터를 감싼다.
★ 반죽과 버터의 온도가 비슷해야
밀어 펴기가 쉬워요. 버터를 손가락으로
눌렀을 때 살짝 눌리는 정도가 좋아요.

08

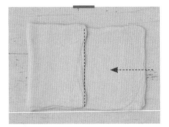

반죽을 45×23cm 크기의 직사각형 모양으로
밀어 펴고 양쪽에서 안으로 1/3씩 접은 다음
위생팩에 넣어 냉장실에서 30분간 휴지시킨다.
이 과정을 2번 더 반복한다. ★ 3절로 접을
때마다 이음매가 터진 쪽으로 길게 밀어주세요.

09

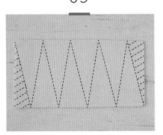

3절 접기를 3번 마친 반죽을 45×25cm
크기로 밀어 펴고 가장자리를 반듯하게
자른다. 사진처럼 위아래로 맞닿은 이등변
삼각형 모양이 되도록 자로 재단한 다음 칼로
자른다. ★ 피자 커터를 사용하면 편리해요.

10

이등변 삼각형 모양의 반죽을 넓은
부분에서부터 바깥쪽으로 돌돌 말고
끝 부분을 살짝 납작하게 눌러 붙인다.
★ 힘을 빼고 한 번에 말아야 모양이 예뻐요.

11

테프론시트(또는 실리콘매트)를 깐 오븐팬에 이음매가 밑으로 가도록 올리고 비닐을 덮어 실온(25~27℃)에서 2배로 부풀 때까지 1시간 30분~2시간 동안 2차 발효한다. ★ 직사광선이 닿는 곳, 에어컨 밑처럼 건조한 장소는 피하세요.

오븐 예열

12

윗면에 붓으로 달걀물을 바르고 180℃로 예열한 오븐에서 20분간 구운 후 식힘망에 올려 식힌다. ★ 달걀물은 윗면에만 살살 발라요. 결이 있는 부분에 달걀물이 묻으면 잘 부풀지 않으니 주의하세요.

13

응용

크로플 ⑩의 2차 발표가 끝난 크루아상 반죽을 와플 기계에 넣고 2~3분간 굽는다.

14

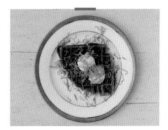

선택1_바닐라 토핑 크로플 위에 아이스크림 스쿱으로 바닐라 아이스크림을 올리고 브라운 치즈를 갈아서 뿌린 후 메이플 시럽을 곁들인다.

14

선택2_티라미수 토핑 볼에 마스카르포네 치즈, 생크림, 설탕을 넣고 핸드믹서로 골고루 섞은 다음 원형깍지를 끼운 짤주머니에 넣는다.

15

크로플 위에 티라미수 크림을 물결 모양으로 짜고 코코아가루를 뿌린다. ★ 티라미수 크림은 숟가락으로 자연스럽게 올려도 좋아요.

브리오슈 도넛 + 누텔라 브리오슈 도넛

브리오슈(Brioche)는 버터와 달걀을 듬뿍 넣어 만든 프랑스 전통 빵이에요.
요즘 브리오슈를 튀겨 다양한 크림을 샌드한 프리미엄 도넛이 선풍적인 인기를 끌고 있답니다.
기본이 되는 우유 크림, 초콜릿 크림 이외에 잼이나 커스터드 크림을 넣어도 맛있어요.

부록 ─ 미리보기 문단 세로

기본 레시피
브리오슈 도넛

- ☐ 강력분 250g
- ☐ 설탕 30g
- ☐ 소금 4g
- ☐ 인스턴트 드라이이스트 4g
- ☐ 미지근한 물 70g
- ☐ 미지근한 우유 30g
- ☐ 실온 달걀 1개
- ☐ 실온 버터 40g
- ☐ 튀김용 식용유 적당량
- ☐ 장식용 슈가파우더 적당량

우유 크림
- ☐ 생크림 350g
- ☐ 마스카르포네 치즈 105g
- ☐ 설탕 45g
- ☐ 연유 50g

+응용 레시피
누텔라 브리오슈 도넛

- ☐ 강력분 250g
- ☐ 설탕 30g
- ☐ 소금 4g
- ☐ 인스턴트 드라이이스트 4g
- ☐ 미지근한 물 70g
- ☐ 미지근한 우유 30g
- ☐ 실온 달걀 1개
- ☐ 실온 버터 40g
- ☐ 장식용 슈가파우더 적당량

누텔라 크림
- ☐ 달걀노른자 2개
- ☐ 설탕 60g
- ☐ 우유 340g
- ☐ 누텔라 100g
- ☐ 옥수수전분 25g
- ☐ 무가당 코코아가루 20g

도구 준비하기

볼　주걱　체　스크래퍼

밀대　냄비　짤주머니　스패출러　온도계

미리 준비하기
- 유산지를 사방 10cm 크기로 8장 자른다.

01

볼에 체 친 강력분, 설탕, 소금,
드라이이스트를 넣고 섞는다.
미지근한 물(28~30℃)과 우유, 달걀을 섞어
넣고 주걱으로 가루가 모두 스며들어 찰기가
생길 때까지 섞어 한 덩어리로 모은다.

02

반죽기를 사용하면 편리해요.

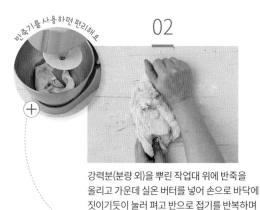

강력분(분량 외)을 뿌린 작업대 위에 반죽을
올리고 가운데 실온 버터를 넣어 손으로 바닥에
짓이기듯이 눌러 펴고 반으로 접기를 반복하며
표면이 매끄러워질 때까지 200회 이상 반죽을
치댄다. ★ 손에 많이 묻어나지만 반죽하다 보면
매끈해져요. [반죽기로 반죽하는 법 190쪽]

03

꼭 눌러 확인해보세요.

양손의 날로 반죽 끝을 아래로 살살 밀어
넣어 둥글리기하고 볼에 넣어 랩을 씌운 후
실온(25~27℃)에서 2배로 부풀 때까지 1시간
동안 1차 발효한다. ★ 반죽을 손가락으로
눌렀을 때 흔적이 남아야 해요. 반죽이
제자리로 돌아오면 조금 더 발효시켜요.

04

강력분(분량 외)을 뿌린 작업대 위에 ③을
올리고 손바닥으로 눌러 가스를 뺀 후
스크래퍼로 8등분한다. ★ 달걀 크기나
반죽법에 따라 양이 조금씩 달라질 수 있어요.
총 무게를 저울로 잰 후 8등분하세요.

05

손으로 굴리면서 아래로 살살 반죽을
밀어 넣어 둥글리기하고 비닐을 덮어
실온에서 15~20분간 중간 발효한다.
★ 중간 발효하면 성형이 쉬워져요.

06

아래면을 꼭꼭 집어 붙여요

다시 한 번 둥글리기하고 아래 이음매를
꼭꼭 집어 붙인다. 잘라둔 유산지 위에
올려 2cm 두께로 누르고 비닐을 덮어
실온에서 1.5배가 될 때까지 30~35분간
2차 발효한다.

07

기름기를 빼주세요

냄비에 식용유를 붓고 190℃로 가열한다. ⑥을
유산지째 들어올려 도넛만 넣고 50~60초, 뒤집어
50~60초간 양면이 노릇해질 때까지 튀긴다.
식힘망에 올려 기름기를 빼고 완전히 식힌다.
★ 발효가 잘된 도넛은 튀겼을 때 가장자리에 하얀 띠가 생겨요.

08

우유 크림 볼에 생크림, 마스카르포네
치즈, 설탕을 넣고 핸드믹서의 중간 단에서
뾰족한 삼각뿔 모양이 될 때까지 단단하게
휘핑한 후 짤주머니에 넣는다.

09

⑦의 도넛 가운데 칼집을 넣고
안쪽 면에 연유를 얇게 펴 바른 다음
겉면에 슈가파우더를 묻힌다.

10

⑧의 우유 크림을 듬뿍 짜 넣고
스패출러로 표면을 매끄럽게 정리한다.

빵·조림 — 머핀

08

응용

누텔라 크림 볼에 달걀노른자와 설탕을
넣고 옅은 노란색이 될 때까지 휘핑한다.

09

냄비에 우유를 넣고 가장자리가 살짝
끓어오를 때까지 가열한 다음 응용 ⑧에
조금씩 흘려 넣으며 거품기로 골고루 섞는다.
누텔라, 체 친 옥수수전분과 코코아가루를
넣고 섞는다.

10

냄비에 옮겨 담고 중간 불에서 거품기로
저어가며 부드럽게 풀어지며 윤기가 날 때까지
끓인다. 랩을 크게 펼치고 누텔라 크림을 올려
밀착해 씌운 후 냉장실에 넣어 완전히 식힌다

11

깊게 구멍을 만들어요

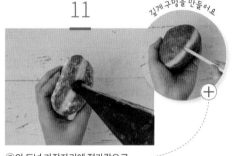

⑦의 도넛 가장자리에 젓가락으로
구멍을 뚫고 겉면에 슈가파우더를 묻힌다.
누텔라 크림을 부드럽게 풀고 짤주머니에
넣은 후 도넛 구멍에 짜 넣는다.

tip 부드러운 초콜릿 크림 만들기

누텔라 크림은 1/2분량으로 만들어요.
볼에 생크림 125g, 설탕 12g을 넣고
단단하게 휘핑한 후 누텔라 크림 1/2분량을 넣어 섞으면
부드러운 초콜릿 크림을 만들 수 있어요.

팡도르

달걀과 버터가 듬뿍 들어간 리치한 타입의 부드러운 빵이에요. 이탈리아를 대표하는
크리스마스 브레드로 독특한 별 모양 틀에 굽는 것이 특징이지요. 버터가 많은 무거운 반죽에
전반죽이라 불리는 중종을 섞으면 발효를 도와주고 식감을 부드럽게 만들어준답니다.

중종
- □ 강력분 200g
- □ 인스턴트 드라이이스트 6g
- □ 소금 4g
- □ 설탕 40g
- □ 달걀노른자 2개
- □ 실온 물 40g
- □ 실온 우유 40g
- □ 실온 버터 60g

본 반죽
- □ 강력분 160g
- □ 설탕 60g
- □ 인스턴트 드라이이스트 6g
- □ 꿀 20g
- □ 실온 달걀 2개
- □ 실온 버터 120g

장식
- □ 실온 버터 20g
- □ 슈가 코트
　(또는 슈가파우더) 80g

도구 준비하기

볼　　주걱　　스크래퍼

붓　　팡도르틀

미리 준비하기
- 팡도르틀에 붓으로 실온 상태의 버터(분량 외)를 골고루 바른다.

01

중종 볼에 버터를 제외한 중종 재료를 모두
넣고 주걱으로 가루가 모두 스며들어 찰기가
생길 때까지 섞은 다음 한 덩어리로 모은다.

02

강력분(분량 외)을 뿌린 작업대 위에 반죽을 올리고 가운데
실온 버터를 넣어 감싼 후 손으로 바닥에 짓이기듯이
눌러 펴고 반으로 접기를 반복하며 표면이 매끄러워질
때까지 반죽을 치댄다. ★ 글루텐이 적은 부드러운 식감의
빵이에요. 반죽 표면이 매끄러워질 때까지만 반죽해요.
[반죽기로 반죽하는 법 190쪽]

03

양손의 날로 반죽 끝을 아래로 살살 밀어
넣어 둥글리기하고 볼에 넣어 랩을 씌운 후
냉장실에서 24시간 동안 숙성시킨다.

04

본 반죽 다른 볼에 ③과 버터를 제외한
본 반죽용 재료를 모두 넣고 가루가
모두 스며들어 한 덩어리가 될 때까지
손으로 조물조물 치댄다.

05

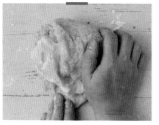

강력분(분량 외)을 뿌린 작업대 위에 반죽을
올리고 가운데 실온 버터 1/2분량을 넣어
감싼다. 손으로 바닥에 짓이기듯이 눌러 펴고
반으로 접기를 반복하며 버터가 전부 섞일
때까지 치댄다.

06

반죽기를 사용하면 편리해요

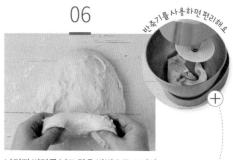

나머지 버터를 넣고 같은 방법으로 표면이
매끄러워질 때까지 150회 이상 반죽을 치댄다.
★ 손에 많이 묻어나지만 계속 반죽하다 보면
매끈해져요. 제빵기나 반죽기를 사용하면 좋아요.
[반죽기로 반죽하는 법 190쪽]

07

양손의 날로 반죽 끝을 아래로 살살 밀어
넣어 둥글리기하고 볼에 넣어 랩을 씌운다.
실온(25~27℃)에서 2배로 부풀 때까지
50분~1시간 동안 1차 발효한다. ★ 버터가
많은 반죽은 28℃ 이상에서 고온 발효하면
유지가 흘러나올 수 있으니 주의하세요.

08

강력분(분량 외)을 뿌린 작업대 위에
반죽을 올리고 스크래퍼로 4등분한다.
양손의 날로 반죽 끝을 아래로 살살
밀어 넣어 둥글리기하고 비닐을 덮어
실온(25~27℃)에서 15분간 중간 발효한다.

09

반죽을 동그랗게 다듬고 아래쪽 이음매를
꼭꼭 집어 붙인 후 팡도르틀에 이음매가
위로 가도록 넣는다.

10

실온에서 1시간 30분~2시간 동안
2차 발효한다. 오븐 예열

11

180°C로 예열한 오븐에서 20분간 굽고
식힘망 위에 틀을 뒤집어 올려 뺀다.
★ 잘 빠지지 않을 때는 살짝 내리쳐요.

12

뜨거울 때 붓으로 겉면에 실온의
부드러운 버터를 충분히 바르고
완전히 식힌다. ★ 전체적으로 빠짐없이
골고루 발라야 슈가 코트가 잘 묻어요.

13

볼에 슈가 코트를 넣고 손으로 뿌려가며
골고루 듬뿍 묻힌다.

tip 추천! 슈가 코트

포도당과 옥수수전분을 주재료로 만든 장식용 가루예요.
슈가파우더보다 달지 않고 잘 녹지 않아요. 팡도르에 눈처럼
소복이 뿌려주면 단맛을 더하면서 코팅 역할도 해서
빵이 오래도록 촉촉하고 부드럽게 유지되도록 도와줘요.

tip 미니 팡도르 만들기

과정 ⑦까지 동일한 방법으로 만들고 반죽을 6등분한 뒤
실온에서 15분간 중간 발효해요. 윗지름 8.5×높이 4.5cm
빅머핀틀에 넣고 과정 ⑨부터 똑같이 만들어주세요.

슈톨렌

독일 사람들은 11월부터 슈톨렌을 만들어 매주 한 조각씩 잘라 먹으며 크리스마스를 기다린다고 해요.
설탕과 럼에 절인 건과일과 견과류를 듬뿍 넣어 진한 풍미와 달콤함을 자랑하지요.
마지팬(아몬드가루와 설탕을 반죽한 것)을 둘러싼 특유의 모양은 예수를 감싼 모포의 모양을 본 따
만들었다고 전해져요.

🧁 20×17cm 2개　⏱ 약 3시간 (+ 필링 숙성 7일, 슈톨렌 숙성 5일)　🫙 밀폐용기 _실온 7일, 냉동 4주

슈톨렌
□ 강력분 350g
□ 실온 우유 150g
□ 인스턴트 드라이이스트 11g
□ 설탕 80g
□ 소금 3g
□ 실온 달걀 1개
□ 실온 버터 100g

슈톨렌 스파이스
□ 넛맥 1g
□ 카르다몬 1g
□ 시나몬가루 1g
□ 후춧가루 1g
★ 슈톨렌 스파이스는
시나몬가루 3g으로
대체 가능하나 풍미는
약해질 수 있어요

필링
□ 오렌지 필 20g
□ 레몬 필 20g
□ 건포도 30g
□ 크랜베리 30g
□ 반건조 무화과 30g
□ 건살구 30g
□ 럼주 15g
□ 구운 아몬드 50g
　(또는 호두, 캐슈너트)

마지팬
□ 아몬드가루 100g
□ 슈가파우더 65g
□ 우유 30g
□ 럼주 10g

장식
□ 녹인 버터 100g
□ 설탕 적당량
□ 슈가파우더 150g

도구 준비하기

 볼　 주걱　 밀대

 스크래퍼　붓

미리 준비하기
• 장식용 버터는 중탕(또는 전자레인지)으로 녹인다.

01

필링 밀폐용기에 구운 아몬드를 제외한
필링용 재료를 모두 넣고 골고루 섞은 후
서늘한 곳에서 일주일 이상 숙성시킨다.
★ 숙성 기간이 길수록 슈톨렌의 풍미가 좋아져요.

02

마지팬 실리콘매트(또는 유산지)를 깐
오븐팬 위에 마지팬용 아몬드가루를
올리고 160℃로 예열한 오븐에서 10분간
굽는다. 식힘망에 올려 완전히 식힌다.

03

볼에 ②와 슈가파우더, 우유, 럼주를 넣고
가루가 모두 스며들어 한 덩어리가
될 때까지 주걱으로 섞는다.

187

04

③의 반죽을 유산지 위에 올려 30cm 길이의 원형 막대 모양으로 성형하고 유산지로 감싸 냉장실에서 1시간 정도 휴지시킨다. ★ 하룻밤 이상 휴지시키면 더 맛있어요.

05

슈톨렌 볼에 버터를 제외한 모든 슈톨렌 재료, 슈톨렌 스파이스 재료 전부를 넣고 주걱으로 가루가 모두 스며들어 찰기가 생길 때까지 섞은 다음 한 덩어리로 모은다.

06

강력분(분량 외)을 뿌린 작업대 위에 반죽을 올리고 실온 버터를 1/3씩 넣어가며 손으로 바닥에 짓이기듯이 눌러 펴고 반으로 접기를 반복한다. 표면이 매끄러워질 때까지 200회 이상 반죽을 치댄다.

07

①의 필링과 구운 아몬드를 넣고 골고루 섞이도록 조물조물 반죽한다.
[반죽기로 반죽하는 법 190쪽]

08

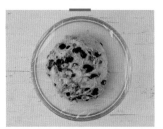

양손의 날로 반죽 끝을 아래로 살살 밀어 넣어 둥글리기하고 볼에 넣어 랩을 씌운 후 실온(27~28℃)에서 2배로 부풀 때까지 1시간 동안 1차 발효한다.

09

강력분(분량 외)을 뿌린 작업대 위에 ⑧을 올리고 스크래퍼로 2등분한다. 양손의 날로 반죽 끝을 아래로 살살 밀어 넣어 둥글리기하고 비닐을 덮어 실온에서 15분간 중간 발효한다.
★ 중간 발효하면 성형이 쉬워져요.

10

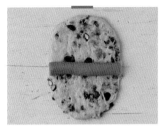

마지팬을 15cm 길이로 2등분한다.
반죽을 20cm 길이의 긴 타원 모양이 되도록
밀대로 밀어 펴고 가운데 마지팬을 올린다.

11

가장자리에 살짝 반죽이 남도록
반으로 접고 이음매를 손으로 꼭꼭 눌러
붙인다. ★ 꼭꼭 눌러 붙여야 발효되면서
벌어지지 않아요.

12

테프론시트(또는 실리콘매트)를
깐 오븐팬 위에 올리고 비닐을 덮어
실온에서 1시간 동안 2차 발효한다.
`오븐 예열`

13

170°C로 예열한 오븐에서 25~30분간
굽는다. 식힘망에 올려 뜨거울 때
녹인 버터를 붓으로 듬뿍 바르고
설탕을 골고루 묻힌다.

14

완전히 식으면 위생팩에 슈가파우더와
슈톨렌을 넣고 흔들어 두껍게 묻힌다.
랩으로 단단히 감싸 서늘한 곳에서
2~5일 정도 숙성시킨 후 먹는다.

tip 나만의 슈톨렌 만들기

필링은 최소 일주일, 한 달 이상 충분히 절일수록
풍미가 좋아져요. 취향에 따라 건과일을
총 200g 분량으로 다양하게 섞어 만들어보세요.
슈톨렌 스파이스의 양을 조절하거나 시판 슈톨렌
믹스 스파이스를 활용해도 좋아요.

반죽기로 손쉽게 반죽해요

이 책에는 전문 도구가 없이도 빵을 만들 수 있도록 무반죽 빵을 제외한 나머지 반죽 빵을
손반죽법으로 소개했어요. 집에 반죽기가 있는 분들은 아래를 참고해 만들어보세요.
단, 반죽기마다 성능과 속도가 조금씩 다를 수 있으니 완성 상태가 될 때까지 시간과 속도를
조절하고, 중간중간 실리콘 주걱으로 볼에 붙은 반죽을 모아가며 반죽하세요.

소금빵
반죽기 볼에 버터를 제외한 모든 재료를 넣고 저속 30초 → 가루가 모두 스며들 때까지
중속 1분 30초 → 버터를 넣고 반죽에 완전히 스며들 때까지 중속 1분 → 볼 바닥에서 반죽이
모두 떨어지고 표면이 매끈해질 때까지 고속 2분 30초 → 손으로 반죽을 늘려 보았을 때
얇은 막이 생기면 완성.

라우겐 브레첼
반죽기 볼에 버터를 제외한 모든 재료를 넣고 저속 30초 → 가루가 모두 스며들 때까지
중속 3분 30초 → 버터를 넣고 반죽에 완전히 스며들 때까지 중속 2분 30초 →
볼 바닥에서 반죽이 모두 떨어지고 표면이 매끈해질 때까지 고속 3분~3분 30초 →
손으로 반죽을 늘려 보았을 때 얇은 막이 생기면 완성.

크루아상
반죽기 볼에 버터를 제외한 모든 재료를 넣고 저속 30초 → 반죽이 한 덩어리가 될 때까지
중속 2분 → 버터를 넣고 반죽에 완전히 스며들 때까지 고속 5분 → 손으로 반죽을 늘려
보았을 때 얇은 막이 생기면 완성.

브리오슈 도넛
반죽기 볼에 버터를 제외한 모든 재료를 넣고 저속 30초 → 가루가 모두 스며들 때까지
중속 2분 30초 → 버터를 넣고 반죽에 완전히 스며들 때까지 중속 2분 30초 →
볼 바닥에서 반죽이 모두 떨어지고 표면이 매끈해질 때까지 고속 2분 30초 →
손으로 반죽을 늘려 보았을 때 얇은 막이 생기면 완성.

팡도르
중종 반죽기 볼에 모든 재료를 넣고 저속 30초 → 가루가 모두 스며들 때까지 중속 1분 30초 →
볼 바닥에서 반죽이 모두 떨어지고 표면이 매끈해질 때까지 고속 1분 30초.

본 반죽 반죽기 볼에 중종과 버터를 제외한 본 반죽 재료를 모두 넣고 저속 1분 →
가루가 모두 스며들 때까지 중속 2분 → 버터를 넣고 반죽에 완전히 스며들 때까지 중속 2분 →
표면이 매끄러워질 때까지 고속 8분 → 부드럽고 탄력이 생기면 완성.

슈톨렌
반죽기 볼에 버터를 제외한 모든 재료를 넣고 저속 30초 → 반죽이 한 덩어리가 될 때까지
중속 2분 → 버터를 3번에 나누어 넣어가며 반죽에 완전히 스며들 때까지 중속 3분 →
볼 바닥에서 반죽이 모두 떨어지고 표면이 매끈해질 때까지 고속 4분 → 필링 넣고 저속 30초 →
겉면은 약간 거칠지만 부드럽고 탄력이 생기면 완성.

Index

< 진짜 기본 베이킹책 > 2탄과 **함께 보면 좋은 책**

제철 재료를 듬뿍 넣은 베이킹 레시피

< 제철 재료를 가득 담은 사계절 베이킹 >
김경화 지음 / 248쪽

가장 맛있는 베이킹을 위해
가장 싱그러운 계절의 맛을 듬뿍 담았습니다

☑ **다양한 메뉴 구성**
　선물하기 좋은 케이크부터 가볍게 만드는 구움과자까지

☑ **사계절 재료를 담은 베이킹**
　제철 재료를 듬뿍 넣은 레시피가 가득

☑ **봄, 여름, 가을, 겨울을 담은 베이킹 에세이**
　흘러가는 계절을 담은 디저트 개발 이야기

"
지금의 계절 페이지를 펼쳐
좋아하는 제철 재료가 담긴
레시피부터 따라 해보세요.
평범한 오늘이, 흘러가는 계절이
조금은 더 특별하게
다가올지 모릅니다.

- <사계절 베이킹> 저자 김경화 -

매일 따라 만들고 싶은
레시피팩토리의 베이킹책 시리즈를 만나보세요

< 매일 만들어 먹고 싶은 식사빵 >

딸공 최지은 지음 / 176쪽

"이 책의 가장 큰 장점은
오븐만 있으면 맛있는 빵을 집에서
직접 만들 수 있다는 거예요.
집에서 빵 한 번 안 구워본 저였는데
책의 설명만으로 빵을 완성할 수 있었어요.
정말 자세하고 어렵지 않은 설명으로
베린이들도 접근하기 쉬워요."

_인터넷 서점 예스24 g******e독자님

< 홀그레인 비건 베이킹 >

베지어클락 김문정 지음 / 168쪽

"아무렇게나 먹은 식생활로 인해
소화력이 떨어지고, 서서히 망가져가는
내 몸을 보면서 접하게 된 책.
과정이 쉽고, 제 입맛에도 잘 맞아요."

_인터넷 서점 알라딘 isl****** 독자님

진짜 제대로
배우고 싶은
요즘 인기 있는
베이킹 레시피 64개

진짜 기본 베이킹책
2탄

1판 1쇄 펴낸 날	2021년 12월 9일
1판 2쇄 펴낸 날	2023년 9월 22일

편집장	김상애
편집	김유미
디자인	원유경
사진	김덕창(Studio DA 정택 · 엄승재)
스타일링	송은아(어시스턴트 김에란)
기획 · 마케팅	엄지혜

편집주간	박성주
펴낸이	조준일

펴낸곳	(주)레시피팩토리
주소	서울특별시 용산구 한강대로 95 래미안용산더센트럴 A동 509호
대표번호	02-534-7011
팩스	02-6969-5100
홈페이지	www.recipefactory.co.kr
애독자 카페	cafe.naver.com/superecipe
출판신고	2009년 1월 28일 제25100-2009-000038호

제작 · 인쇄	(주)대한프린테크

값 15,800원

ISBN 979-11-85473-95-6